QIAN HU 仟湖

新加坡仟湖鱼业集团
HU CORPORATION LIMITED

Jalan Lekar Singapore 698950
6766 7087 F (65) 6766 3995

ALBINO RED
AROWANA
GOLDEN SILVER

北京（中国）Beijing Qian Hu
T (86)10 8431 2255 F (86)10 8431 6832

广州（中国）Guangzhou Qian Hu
T (86)20 8150 5341 F (86)20 8141 4937

上海（中国）Shanghai Qian Hu
T (86)21 6221 7181 F (86)21 6221 7461

马来西亚 Kim Kang Malaysia

泰国 Qian Hu Marketing (Thai)

印度 India Aquastar

強力不斷電 打氣馬達

雙出氣孔，出氣量可調整，防逆流設計，安全有保障

電池續航力**長達50小時**，方便外出攜帶！

16L 大氣量 超靜音

AC / DC AIR PUMP

- ●魚缸
- ●魚貨市場
- ●戶外釣魚

- ●停電自動轉換電池供電並進入間歇模式，復電後自動轉回連續模式。
- ●雙出氣口，出氣量大小可調整 (共18檔)
- ●防止逆流設計，不需另外搭配止逆閥。
- ●輸入電壓：110-220V，輸出電壓：DC 1

TEION 超靜音打氣馬達

靜音 穩定 壽命長

防振設計降低噪音

型號	1000	1500	2000	3500	4500	7500
適用魚缸	45cm	60cm	90cm	90cm	90cm	120cm
出氣水深	30cm	36cm	45cm	45cm	60cm	75cm
出氣孔	1孔	1孔	1孔	雙孔	雙孔	雙孔
出氣量 cc/min	1000	1500	1000 ? 2000 強~弱可調	1000 ? 2000 X2 強~弱可調	1600 ? 2600 X2 強~弱可調	2100 ? 3300 X2 強~弱可調
耗電	1.7w	2.2w	2.7w	3.3w	4.8w	6w

TEION™
4500co

宗洋水族有限公司 TZONG YANG AQUARIUM CO., LT
TEL:886-6-230-3818 FAX:886-6-230-6734 www.tzong-yang.com.tw e-mail:ista@tzong-yang.com

最高效能降低6度/

節能冷卻排扇

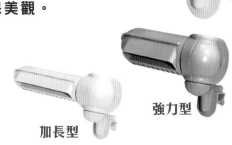

6段式 調整出風高低角度

直流DC12V節能省電，操作安全。

噪音小，壽命長, 經濟實惠。

鋁合金框條，堅固耐用。

特殊護蓋設計，風阻小、噪音小、風量大。

連接式排扇設計，有單、雙、三扇、四扇、五扇、六扇可供選擇。

風阻小 噪音小 風量大

渦輪冷卻風扇機

渦輪馬達設計、風量大、噪音低

微調式風向設計，65度調整風向。

活動式固定座，360度調整位置。

一體成型組合設計，不生鏽確保美觀。

變速器搭配，風速可調整。

三種機型適用各式魚缸

加長型

強力型

洋水族有限公司　TZONG YANG AQUARIUM CO., LTD.

886-6-230-3818　FAX:886-6-230-6734　www.tzong-yang.com.tw　e-mail:ista@tzong-yang.com.tw

HI, IT'S YOUR DELIVERY FROM
JY LIN TRADING

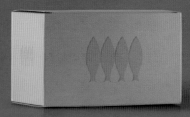

Are you ready for a 21st century tropical fish & shrimp exporter?

QUICK DELIVERY

we strive to meet
72 h
delivery

We serve our clients in over 26 countries around the globe with a quick over the air delivery, the most convenient route to the destination and direct delivery updates.

TRUE VARIETY

over
500
species

With over 500 species of ornamental fish and shrimp together with special products of limited availability we provide a true variety for your business performance.

GENUINE CARE

OFI member since
2002

Customer care is our utmost priority. As our client, you will receive a direct and fast support at any time of the week.

We build our business with transparency in mind.

Jy Lin Trading Company featured on

BBC ⬤ REUTERS ⬤CBSN ▫ NATIONAL GEOGRAPHIC

Join us!

email **jylin@tropicalfish.tw** or visit **www.ornamentalfish.com.tw**

北部門市

24H 文化店 02-2253-3366
新北市板橋區文化路二段28號

中山店 02-2959-3939
新北市板橋區中山路一段248號

新莊店 02-2906-7766
新北市新莊區中正路476號

中和店 02-2243-2288
新北市中和區中正路209號

永和店 02-2921-5899
新北市永和區保生路55-2號

新店店 02-8667-6677
新北市新店區中正路450號

土城店 02-2260-6633
新北市土城區金城路二段246號

泰山店 02-2297-7999
新北市泰山區泰林路一段38號

汐止店 02-2643-2299
新北市汐止區南興路28號

新竹門市

經國店 03-539-8666
新竹市香山區經國路三段8號　全美 動物醫院

民權店 03-532-2888
新竹市北區經國路一段776號

忠孝店 03-561-7899
新竹市東區東光路177號　全美 動物醫院

竹北店 03-551-2288
新竹縣竹北市博愛街119號

中部門市

24H 文心店 04-2329-2999
台中市南屯區文心路一段372號　心美 動物醫院

南屯店 04-2473-2266
台中市南屯區五權西路二段80號　慈愛 動物醫院

西屯店 04-2314-3003
台中市西屯區西屯路二段101號

北屯店 04-2247-8866
台中市北屯區文心路四段319號

東山店 04-2436-0001
台中市北屯區東山路一段156之31號

大里店 04-2407-3388
台中市大里區國光路二段505號

草屯店 049-230-2656
南投縣草屯鎮中正路874號

金馬店 04-735-8877
彰化市金馬路二段371-2號

文昌店 04-2236-8818
台中市北屯區文心路四段806號

南部門市

永康店 06-302-5599
台南市永康區中華路707號

安平店 06-297-7999
台南市安平區中華西路二段55號

華夏店 07-341-2266
高雄市左營區華夏路1340號

民族店 07-359-7676
高雄市三民區民族一路610號

巨蛋店 07-359-3355
高雄市左營區博愛三路170號

LINE 請搜尋 @fishpet

最新資訊 facebook 請搜尋 魚中魚寵物水族

MORE!
水質穩定劑
CHLORINE REMOVER

特別添加EDTA!

有效去除
氯離子&重金屬
創造舒適的生存環境

MORE!
水質穩定劑
CHLORINE REMOVER

For Shrimp, Fish &
Planted Tank
觀賞蝦・魚・水草用
500mL

MORE!
礦物水穩劑
CHLORINE REMOVER
MINERAL+

For Shrimp, Fish &
Planted Tank
觀賞蝦・魚・水草用
500mL

藉由螯合作用降低重金屬離子濃度
協助魚蝦適應新環境，消除緊迫感
同時提升各種水族生物的生存率。

第23届中国国际宠物水族展览会

China Int'l Pet Show

CIPS'19

2019年11月20-23日

上海·国家会展中心

中国宠物行业领航者

1,500	**130,000**	**65,000**	**100**
家展商	平方米	名专业观众	个国家

长城国际展览有限责任公司

联系人：刘丁 张陈 任玲 孟真

联系电话：010-88102253/2240/2345/2245

邮箱：liuding@chgie.com,zhangchen@chgie.com

renling@chgie.com,mengzhen@chgie.com

周期活动：长城创新奖 "长城杯"世界观赏鱼锦标赛 全球宠物(亚洲)论坛 长城世界宠物美容大会 定投会 新品发布季 新品展示区 中国绳趣书职业织织竟赛

AQUARAMA 2021

19th International Exhibition for Aquarium Supplies & Ornamental Fish

第十九屆國際觀賞魚及水族器材展覽會

021年5月・廣州 | 中國進出口商品交易會（廣交會展館）

寵物水族新來襲
北上廣火力全開

立即預定展位
尊享低至**5**折驚喜優惠
2019年12月30日前

掃一掃，關注展會更多資訊

[2020年亞寵展及其系列展水族專區]

北京 — 第二屆北京寵物用品展覽會 水族專區
Pet Fair Beijing 2020
2020.2.21-23 | 國家會議中心

廣州 — 第六屆華南寵物用品展覽會 水族專區
Pet Fair South China 2020
2020.5.15-17 | 中國進出口商品交易會展館

上海 — 第23屆亞洲寵物展覽會 水族專區
PET FAIR ASIA 2020
2020.8.19-23 | 上海新國際博覽中心

展會連絡人
劉燕 | Amy Liu
86-20-22082289 /86-18922761609
amy.liu@vnuexhibitions.com.cn

www.aquarama.com.cn

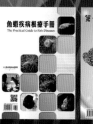

Aqua Pro

淡水専用			適用 淡、海水			
-07-0300	P-07-0500	P-07-1000	P-07-4000	P-09-0300	P-09-0500	P-09-1000	P-09-4000
300ml	500ml	1000ml	4000ml	300ml	500ml	1000ml	4000ml

BLACKWATER
ブラックウォーター・黑水濃縮液

マゾンの自然環境水を再現！天然ピートが主成分なので、は茶色くなりますが水を綺麗にしてくれて水質を弱酸性傾けて硬度を下げるといった効果もあります。水道水をの繁殖、成長促進が期待できる水質します。淡水専用です。

能説明

旧亞馬遜流域之熱帶雨林的樹葉、樹皮、樹根、果實等含多重豐富維他命的腐植組合而成。

可降低PH、硬度，使水質更適合七彩神仙、血鸚鵡、南美慈鯛科、貓科、馬甲科、水草科…等魚類生長的軟水環境。

對魚隻可增進色彩，促進繁殖產卵，提高免疫力，並可幫助水草生長。

SYNTHETICVITAMINS
綜合ビタミン添加劑・綜合維他命

定期的に使用することで不足しがちなビタミン類を補うことが可能になります。免疫力を増強する、魚類の新陳代謝を促進します、病氣への抵抗力を増強します、水質變化への の對應力を増進します。淡水、海水両方に使用できます。

功能説明

● 內含多種維他命，是魚蝦成長與治療後的最佳營養補給品。
● 可幫助魚隻腸胃內飼料的代謝，促進消化與吸收。
● 可促進生長，增加抵抗力，預防疾病發生。
● 可活化魚隻肝臟功能，增加食慾。
● 預防魚隻產生緊迫，降低死亡率，增加魚隻體色的鮮豔度。
● 有助於水晶蝦脫殼、成長、增艷。

適用 淡、海水				適用 淡、海水			
P-08-0300	P-08-0500	P-08-1000	P-08-4000	P-06-0300	P-06-0500	P-06-1000	P-06-4000
300ml	500ml	1000ml	4000ml	300ml	500ml	1000ml	4000ml

PHOTOSYNTHESIS
NITROBACTERIA
生きた光合成バクテリア・光合硝化菌

質淨化作用のある生きた光合成細菌で、アンモニアを解し、安定した水質へ！魚糞、殘餌、有害物を分解除去ます。良好な水質を長期間維持し、理想的な水槽環境の持に役立ちます。淡水、海水両方にご使用いただけます。

功能説明

● 可迅速培養過濾系統中所需的菌種。
● 快速分解水中NO2、阿摩尼亞、硫化氫等有害物質，降低水污染。
● 促進魚隻食慾，增加魚體色彩。
● 海水缸中的珊瑚及無脊椎軟體動物可經由吸收過程中攝取水中蛋白質。

AQUASAFE
ウォーターコンデイショナー・除氯氨水質穩定劑

觀賞魚の水槽設置時、水替え時に使用する水質調整劑です。水道水に含まれる魚に有害なカルキ(鹽素)やクロラミンを速やかに中和し、無害にします。水道水を自然環境水に近づけて、魚の活力を維持する水に調整します。淡水、海水用。

功能説明

● 本劑可去除氯氧化合物、阿摩尼亞、重金屬等有毒物質，並能促進魚體產生保護膜，增加魚隻對環境的適應力及消除緊迫狀況。

天然水族器材有限公司
Tel: 886-6-3661318・Fax: 886-6-2667189
Email: lei.lih@msa.hinet.net・www.leilih.com

目錄
CONTENTS

出版／Publishing House
魚雜誌社 Fish Magazine Taiwan

社長／Publisher
蔣孝明 / Nathan Chiang

文字撰寫／Copy Editor
森 文俊

文字翻譯撰寫／Copy Editor
李世彬、魚雜誌社編輯群

美術總編／Art Supervisor
陳冠霖 Lynn Chen

攝影／Photographer
東山泰之、森 文俊、湧口真行

聯絡信箱／Mail Box
22299 深坑郵局第 5-85號信箱
P.O.BOX 5-85 Shenkeng, New Taipei City
22299 Taiwan

電話／Phone Number
886-2-26628587

傳真／Fax Number
886-2-26625595

匯款帳號／Postal Remittance Account
台北富邦木柵分行（012-3202）
台灣魚雜誌社蔣孝明
320 1200 22266

第一次養六角恐龍就上手【墨西哥鈍口螈】

電子信箱／E-mail
fishbook168@gmail.com

出版日期　2020年7月

First published in Taiwan in 2020
Copyright © Fish Magazine Taiwan 2020

國家圖書館出版品預行編目（CIP）資料

第一次養六角恐龍就上手 / 森文俊文
字撰寫；李世彬，魚雜誌社編輯群譯. --
[新北市]：魚雜誌，2020.06
　　面；　公分
ISBN 978-986-97406-3-0(精裝)

1. 兩生類 2. 寵物飼養

437.39　　　　　　　109007882

Aqua Pro

淡水、海水兩用

物理ろ過、吸著ろ過、生物ろ過が可能ろ過システムです。水槽の上に簡単にセットでき、ろ過材の汚れの確認やお手入れ、交換も簡単です。

観賞魚飼育
屋内専用

取りタトレが簡単で作動音の靜かな水中ポンプを採用しています。

上部フィルターです

高いろ過能力を發揮してきれいな水をつくる

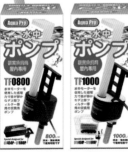

TF0800
TF-0800・800L/H
沉水馬達・適用於 UF450P/UF600P

TF1000
TF-1000・1000L/H
沉水馬達・適用於 UFM450P/UFM600P

UF450P
UF-450-BK-P (黑色)・UF-450-LD-P (透明)
單層上部過濾器・適用於 39~60cm 魚缸

UF600P
UF-600-BK-P (黑色)・UF-600-LD-P (透明)
單層上部過濾器・適用於 60~90cm 魚缸

UFM450P
UFM-450-P (透明)
三層上部過濾器・適用於 39~60cm 魚缸

UFM600P
UFM-600-P (透明)
三層上部過濾器・適用於 60~90cm 魚缸

ADVANTAGE

- Adopt TOP FILTER design to increase oxygen in the aquarium and which can proliferate aerobic bacteria to reproduce in highest level,according to stabilize water quality.
- Easy installation & maintenance, to plus trickle boxes & filters to increase the effect of filtering.
- To connect with double bottom filter to strengthen the effective of filtering & postpone water exchange.
- It's the best choice of many fishes keeping.
- Bottom hold can be adjustable.

產品特點

- 採用上部過濾方式,可增加水中溶氧,大量培殖硝化細菌,以穩定水質,維護魚缸生態。
- 組裝方便、維護簡易,可自由加裝滴流盒、過濾濾材來強化過濾效果。
- 可配合連接底部雙層過濾板,強化過濾效果、延長換水時間。
- 飼養較多魚隻時的最佳過濾選擇。
- 底部托架可伸縮調整。

天然水族器材有限公司

Tel: 886-6-3661318・Fax: 886-6-266718
Email: lei.lih@msa.hinet.net・www.leilih.c

第一次養
六角恐龍【墨西哥鈍口螈】就上手

魚雜誌
Fish Magazine Taiwan

六角恐龍的魅力

六角恐龍的正式名稱為墨西哥鈍口螈，
又名為美西螈，英文名為 Axolotl。
這是種受人喜愛的可愛兩棲類蠑螈。

墨西哥鈍口螈（學名：*Ambystoma mexicanum*），
大多數水族玩家都稱其為「六角恐龍」，是一種非常有
人氣的兩棲類。原生產地主要是中美墨西哥一帶，主要
棲息於由墨西哥城（Mexico City）南方約 30 分鐘車程
的霍奇米爾科湖（Lake Xochimilco）和澤爾高湖（Lake
Chalco）周邊。實際上，這兩個湖是屬於墨西哥谷
（Mexico Valley）中較大的特斯科科湖（Lake Texcoco）
向南延續的湖沼群。在過去特斯科科湖也有墨西哥鈍口螈
棲息，但目前在這個湖周圍的族群已經滅絕了。

白體黑眼六角恐龍（左）與白化型
六角恐龍（右）。六角恐龍面向你
的時候，他的姿勢是多麼的可愛

霍奇米爾科湖的腹地是河流湖泊等水系發達的風景區，在其水路上有定期的觀光客輪進出，同時也是重要的水陸交通網絡要地，因為這些原因，此處有定期的疏濬工程進行。同時這裡也有定期的土地復墾，利用其土壤的肥沃種植蔬菜與花卉。由於受到這些人類活動的發展，棲地已經受到嚴重的影響，漸漸的變得不適合墨西哥鈍口螈棲息，也因此墨西哥鈍口螈的野生族群個體被列入華盛頓公約（CITES）附錄二中的第二級瀕臨滅絕物種，並受其條約保護。然而，由於在原生棲地的相關照片與影像紀錄很少，在原生棲地中的墨西哥鈍口螈的實際棲息情況如何？目前則很少人有詳細的紀錄與了解。

墨西哥鈍口螈這種可愛的生物在 30 多年以前開始在日本的水族館中展出。在那時的廣告宣傳單上，被冠以意義不明的「ウーパールーパー（嗚帕魯帕）」名號。左右展開的三對外鰓、一張很大的口再加上從前面看時眼睛的位置，看起來就非常的討喜。現在已經很少用美西螈或是 Axolotl 來稱呼他，同樣的如果是墨西哥鈍口螈或是墨西哥蠑螈這些正式名稱來稱呼他，就無法好好代表他可愛的

在底砂中探詢餌料的各種六角恐
龍。他們通常喜歡吃冷凍紅蟲以及
人工飼料

形象。「因為是商品名……」所以漸漸的，六角恐龍這個
名號在水族同好中也漸漸的普及起來。

在飼養六角恐龍的時候，可以看到他朝著食餌努力
邁出步伐，同時露出若有所思的微笑表情。同屬的虎紋鈍
口螈（*Ambystoma tigrinum*），在幼體時期有個「水犬」
的稱號，這是因為在納瓦特爾語中 axolotl 的 atl 有水的意
思、xolotl 則有狗的意思，也因此，axolotl 其實就是有著
「在水中棲息的狗」的意思。也因此，對飼主來說在飼養
時具有非常強烈的寵物魅力與感覺。

六角恐龍是以幼態成熟（neoteny）聞名的一種兩棲
類，從幼體開始一生都在水中生活，並在水中產卵孵育下
一代的生活方式。在目前的狀況下，這個物種主要的野
外生活模式仍尚未被研究清楚，當然也是這個物種的一
個特色之一。雖然 axolotl 是他的英文名，但同時 axolotl
也常被用來稱呼鈍口螈屬中如杜氏鈍口螈（*Ambystoma
dumerilii*）與麗奧拉鈍口螈（*Ambystoma leorae*）這一
類近親種的幼態成熟的通稱。相對的，在日本 axolotl 則
主要是用來指稱墨西哥鈍口螈。此外，在日本「ウーパー

ルーパー（嗚帕魯帕）」這個名詞雖然用來當作墨西哥鈍口螈的特徵產品名，但其實是可以把「ウーパールーパー（嗚帕魯帕）」理解成他的暱稱。由於這個產品名在日本已經被普遍認可，想要在水族愛好圈中宣傳墨西哥鈍口螈為官方通用的正式名稱可能有點為時已晚。由於三對向外伸展開的外鰓、眼睛又向前看的這種不知道為什麼就是讓人覺得可愛的外貌，再搭配上「ウーパールーパー（嗚帕魯帕）」這種不具有任何意義的名稱，讓人對於這種搭配方式就是沒有感到任何的違和感。

六角恐龍作為內分泌與胚胎發生學上的一種主流研究題材，已經有大約 100 年以上的人工培育的紀錄，在飼育與繁殖上的方法已經建立的非常完善，所以在一般水族寵物店中也有普遍的交易紀錄。六角恐龍的體色差異是他吸引人的地方之一。主要流通的體色有：正常膚色（野生色）、具黑眼的白化個體、全身白化個體、具白化眼的金色體色個體、還有一種俗稱「黑色素（melanoid）」的正黑色的個體。特殊體色的個體通常是普通體色個體與其它體色個體交配後產下的第一世代為主，相對的野生個體的體色通常是眾所皆知的大理石色，大致上野生個體間體

六角恐龍的棲息地
主要棲息於墨西哥首都 -墨西哥城南方，霍奇米爾科湖與澤爾高湖為主的湖沼區

色上沒有多大的區別。所有的品種在飼育上都很容易，但如果你在狹小的空間內飼養多隻個體，除了要注意因為打鬥的發生與水質的污染，你可以盡情的享受這些幽默又可愛的六角恐龍。

　　據說六角恐龍的壽命大約在 10~15 年之間，在法國的紀錄中曾有活到 25 年的個體。由於壽命長度在 10~15 年之間，所以他的壽命與哺乳類的寵物（如狗、貓）大致相同。六角恐龍合適的繁殖水溫大致上介於 15~25℃，對於六角恐龍來說最舒適的生活溫度大致保持在 20℃左右。由於霍奇米爾科湖所在的墨西哥城周邊都是高地，一、二月的最低溫度為 6℃，最高溫度為 21℃，而日本夏季最低溫度為 12℃最高溫度為 23℃。四月和五月的最高溫度為 27℃，從未超過 30℃。在六月至九月之間會有很多降雨日，在雨季時間內最低氣溫大致上在 11~12℃。從中可以看出，在氣溫超過 30℃的酷暑夏季對六角恐龍來說是很嚴酷的季節，即使在夏天的晚上氣溫低於 30℃，但是不採取任何應對措施，六角恐龍的死亡也不是件少見的情況。在初春的時候，水族寵物店中開始會出現當年出生體長約 10 公分左右的幼體，當看到他們可愛的表情一時間衝動被買下的六角恐龍也是有的。但是跟購買其他生物的時候一樣，在購買的時候不可以忘記要抱持著『這是需要飼養的生物』的心態。

大理石紋六角恐龍的成體。他們很少會像這樣將手腳都完全伸直，但當看到這個模樣的時候終於能理解為什麼會被人稱之為「水狗」。這樣看起來還真的有點像狗

黃金六角恐龍

　　最近水族飼養用品在新品開發與性能改善上有非常顯著的進展，並且小型的水族養殖冷卻設備也開始在市場上出現。過往非常昂貴的魚缸冷卻機 在價格上也逐漸變得平易近人，同時冷卻設備的電力功耗也逐漸在下降。即使在高溫環境下，享受六角恐龍的繁殖飼育也變得更加容易。大約 35 年以前，當六角恐龍以寵物的角度被引入時，關於他的飼養訊息還相當的少。在夏天的時候，有許多的六角恐龍因為缺乏因應夏天環境的飼養對策而死亡。但是，現在有關的飼養資訊越來越充足，並且業界也開發出許多添加許多營養成分的餌料，並且投入市場中販賣，再加上冷凍餌料越來越容易入手，目前六角恐龍的飼育的大環境也變得越來越完善。

　　在全國各地的大型賣場也可以找到相關產品。六角恐龍不只是可以飼養在魚缸，你還可以考慮使用塑膠製的衣物收納箱、塑膠箱或塑膠盆這一類的容器都可以使用。良好的飼養容器是指底部面積（槽底面積）大的容器。因為底部面積較大時，六角恐龍養在其中也會有較大的活動範圍，同時水面面積也會同時擴大，這可以增加水體與空

孵化後三個月的幼體。當體長超過五公分的時候，後肢就開始長出來，在六公分的時候，就會一口氣飛快的長大。在水底徘徊，找尋餌料的幼體

氣的接觸面積，確保水體的溶氧量。在法國創下存活紀錄的六角恐龍，則是在室外的飼育池中創下了存活 25 年的生存紀錄。欣賞六角恐龍的獨特的可愛表情是一件令人感到愉快的事情，然而創造一個貼近自然生活環境來飼育六角恐龍也是一件令人著迷的事情，從這裡開始將一一介紹六角恐龍的飼育方法。

大多數的六角恐龍飼育者大多都是一隻個體單獨飼養在獨立的魚缸中，即使他長到 25 公分，也可以全年養在 45 公分寬的魚缸中。六角恐龍只要保持水質的清澈以及合適的溫度，六角恐龍就可以自己活得很好。動物類的冷凍餌料或是人工飼料六角恐龍都可以適應得很好，所以在飼育上來說並不困難。除非是會結厚冰的環境下以外，也可以在室溫環境下飼養。在冬天以水溫可以在 5℃ 以上到 10℃ 以下的環境飼養紀錄中發現到會誘發六角恐龍出現冬眠的現象，並且以這樣的方式飼養有延長六角恐龍壽命的傾向。

初春，水溫會開始超過 10℃，每天的氣候會越來越像春天，這時候將迎來六角恐龍的繁殖季。如果已經經過了 1 年的養殖，當全長超過 20 公分的時候，六角恐龍就

游泳中的六角恐龍。幼體的時候，常常會看見他們在水中游泳或漂浮的姿態。這個姿態也萌萌的，非常可愛

已經進入性成熟的階段，並且由於受到水溫的上下變動的刺激，即使在人工飼養的狀態下也會開始產卵。雌性個體每次的產卵數大約在 300~600 顆。產下的卵與青蛙的卵類似，覆蓋著膠狀物質，一粒粒相連，產在水草或是底石的基質上。六角恐龍的卵與蛙類的卵類似，都屬於是端黃卵（卵黃量高，偏於卵的一側），卵裂模式都是屬於不等全裂（unequal holoblastic cleavage）。孵化的時間在 20℃的水溫下需要 14~17 天，在水溫 15℃的環境則需要 18~20 天。

孵化後的幼體還不具有前肢與後肢，他們的特徵是外觀上有三對小小的外鰓。但是，在這時候就已經可以感受到六角恐龍可愛的姿態了。孵化後大約兩個月，個體將逐漸長大，前肢也開始伸出來，之後的幾週，後肢也逐漸伸出來，在外觀上也越來越貼近印象中的六角恐龍的外型。雖然把所有的卵都培養成成體是一件很有趣的事，由於產下來的卵非常的大量，這造成這一個目標變得很難達成。即使如此，在養育六角恐龍的時候，仍是希望會有越來越多的愛好者在家裡自己育種繁殖。

在本書中，將只會詳細介紹一種六角恐龍，並介紹如何讓人長期的享受這可愛的生物所帶來的樂趣。何不趁這個機會開始飼養這個具有可愛又逗趣的表情的生物呢？

附　註：レノマサラマンダー應該是錯的應該是レオラサラマンダー（*Ambystoma leorae*）
補充 1：Axolotl 的由來是來自於阿茲提克神話中代表掌管死亡與雷電之神，修洛特爾。
補充 2：ウーパールーパー是來自於阿茲提克語系中納瓦特爾語中的「愛的使者」的發音。

在水中漂浮的六角恐龍的幼體。體長大致上是 3 公分左右，這樣的六角恐龍也十分可愛討人喜歡

在還沒有長出後肢的幼體時期的輕白化六角恐龍。體長 3.5 公分，這個時期的個體大多都在水中飄浮游泳

討喜的姿態悠遊著

黃金六角恐龍的幼體

白體黑眼六角恐龍的幼體

大理石紋六角恐龍的幼體

黃金六角恐龍的幼體

左 / 白體黑眼六角恐龍。大多時候他們會藏在水草裡休息。

上 / 白體黑有六角恐龍。大約是 7 公分大的幼體。這時後開始成長的速度會非常快。

下 / 體長 12 公分的白體黑眼六角恐龍。

六角恐龍的身體構造

雖然具有幼年的身體，卻已經成熟的六角恐龍。
在飼養之前，關於這個身體的一切是
必須要具備的預備知識。

六角恐龍的高人氣能持續保持的最大最主要的因素，
是左右三對明顯的外鰓所構成的明顯面部特徵。他的頭很
大，大約佔全長的 1/4~1/5，眼睛位於頭的前方略為向前
的位置。略略靠前的眼睛、三對斜向上展開的外鰓、再加
上一張大大的嘴巴，這就是構成六角恐龍萌萌又迷人的表
情的主要特徵。

具有前肢與後肢，每個前肢具有四指，而每個後肢
則具有五趾。從卵孵化出來的幼體大約三週後，體長大約
3 公分的時候前肢才開始長出來。再經過 2 週的時間後，
這時候體長大約超過 4 公分，這時候後肢開始長出來。
雖然肢體末端會有指頭長出，但卻沒有長指甲或爪，僅有
表皮覆蓋著骨頭。當四個前肢和後肢可以自由使用以後，
這時候生長速度將會迅速加快，出生後 3 個月體長將達
到 8 公分，出生後 4 個月體長將會超過 10 公分。

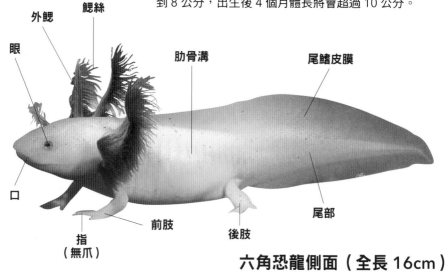

六角恐龍側面（全長 16cm）

外鰓　鰓絲　肋骨溝　尾鰭皮膜
眼　口　指（無爪）　前肢　後肢　尾部

白化六角恐龍。只靠後肢站立的姿
態，這時候他的臉就想是在微笑一
般，真的很可愛

六角恐龍的前肢指（4 支指）

六角恐龍的後肢趾（5 支趾）

　　六角恐龍的嘴相較於身體來說相當的大，在使用的時候感覺就更大了。由於視力不好，所以當會動的物體接近時，他將會張大嘴並透過把東西吸進來的方式進行捕食。當同時飼養多條幼體的時候，他們可能會咬到彼此的尾巴、外鰓、或是前後肢，但是這是因為他們的視力不好以及這些運動的刺激所造成的口部反射動作所造成。因為嘴很大，所以可以吃掉自己體長一半大的生物，因此你不可以把幼魚或是其他小型魚類等水生生物跟六角恐龍養在同個魚缸中。淡水蝦、小螯蝦或是青鱂魚，這些對六角恐龍來說都是很好的餌料食物，混合飼養的時候，成為六角恐龍的食物也只不過是時間的問題而已。

　　從外鰓的基部一直向尾部延伸以及從後肢基部向尾部會延伸出一片像是魚鰭的皮膜構造圍繞著軀幹。在幼年期，這片皮膜的構造會相對比較大，在水中游泳的時候，跟魚的尾鰭一樣，會左右擺動來產生向前的推進力來增強他的泳動能力。雖然他不是靠這片尾鰭皮膜游泳，面對外敵來襲的時候，可以透過這種方式快速地游開，這可能是他幼年時期尾鰭皮膜發達的原因。這片尾鰭皮膜在

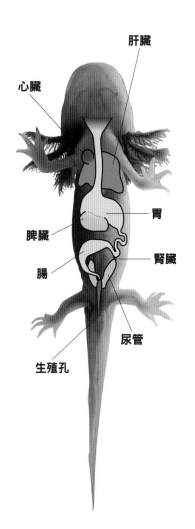

肝臟

心臟

胃

脾臟

腎臟

腸

尿管

生殖孔

**六角恐龍腹部
（全長 12cm）**

體長 10 公分之前，發育得相當快且逐漸變大，但隨著身體越來越大，這片皮膜發育得越來越慢且變得越來越小。當體長超過 10 公分以後，在身體的側邊可以清楚地看到 16 跟肋骨以及肋骨溝。但是六角恐龍沒有肺，同時他的肋骨也非常的細。但是，極少數的個體會經過變態並開始在陸上生活，這時候這些個體就會開始透過肺來呼吸。六角恐龍會一直長到體長約 25 公分，部分個體會長到 28 公分長。

六角恐龍的骨架結構包含：頭骨、脊椎骨、尾骨、以及前後肢骨，構造相當單純。上下顎的部分有牙齒附著著，但牙齒並不銳利，所以如果你的手被他咬住，也不會因此受傷。但在兩棲類中，日本大山椒魚的牙齒則是細密且銳利，在被他咬到的時候，會造成嚴重的傷口。就六角恐龍而言，因為他是透過幼態成熟來繁衍的物種，其他登陸生活的物種以及其他視力比六角恐龍更差的兩棲類的牙齒則謂相當發達，而六角恐龍的牙齒則相對則是退化了。

內臟的結構相對來說也是比較簡單的，從食道開始接一個比較大的胃，胃與脾臟則是相連在一起。在幼體時期，可以直接從外部觀察到心臟位於前肢的基部附近，心臟跟胃之間可以看到一個很大的肝臟。腸道的部分則是彎彎曲曲的並連接著胃與泄殖孔，泄殖孔前方還會連接著一對腎臟在左右兩側。在給幼體餵食的時候，可以清楚地觀察到腸道彎曲的樣子。常常聽到人說，當六角恐龍攝食的時候同時吞下底砂與餌料會造成腸胃道的阻塞與問題，但是除了內臟異常或是過於肥胖的個體外，基本上吞入底沙並不會造成腸道阻塞或排泄障礙。

六角恐龍的另外一個特徵就是他的再生能力。外鰓、前後肢、尾部與尾鰭皮膜在受傷或是缺損之後，皆可以再生回來。成體與幼體的再生能力都一樣，但體長超過 10 公分的個體需要花上數個月到半年以上的時間才能完全治癒。這包

六角恐龍的游泳姿勢。體長 15 公分的六角恐龍這時候在魚缸中比較少游泳,這是他在魚缸中游泳時候的樣子。這時候已經身體上已經長出手跟腳了,在游泳的時候,外鰓會向後收起來

括了指尖、尾巴末稍等含骨頭部分的結構再生,很容易去推測初再生一個片段需要多長的時間。如果水質差或水溫較高的環境會造成外鰓的簇狀鰓絲脫落,但是當水質改善以後,外鰓的外觀則會回復。白化個體中,有時候後骨折,再生的尖端會出現黑色,這是在再生的時候才會看到的,待再生完後黑色的部分則會消失不見。

在餵食六角恐龍的時候,如果持續地給予單一的高蛋白人工飼料時,會導致肥胖。在持續給予均衡性差的餌料時,則會導致肝臟或腎臟的疾病發生。另外,麵包蟲一類身體由幾丁質所構成的昆蟲,六角恐龍是無法消化的。適合變態後的虎紋鈍口螈的餌料,對六角恐龍來說卻不見得是合適的。反過來說,餌料不足,對六角恐龍這類的兩棲類大胃王來說,是個體變瘦的最主要原因。雖然不必時常讓六角恐龍處於吃飽的狀態,但是,食物給予不足造成無力移動,這樣會讓會讓特徵的外鰓變得很細很薄,並讓人看到就感覺六角恐龍有種面黃肌瘦的感覺。然而,出現這樣的姿態,也只能說是飼養者的怠慢與疏忽了。因此,必須透過日常水質的管理以及適當的餌料給予,這才是維持六角恐龍身體健康的唯一法則。由於六角恐龍是身體強健的物種,同時也是身體黏液分泌豐富的兩棲類,因此飼養環境的水質清潔的維持以及飼養個體的健康維持,是必須時時掛念於心的重要事項。

六角恐龍的近親種

同樣具有外鰓的有尾目兩棲類，
在日本本土也有，
已知的像是各種山椒魚與紅腹蠑螈。

橫帶虎紋鈍口蠑螈的幼體。這是常
被稱之為「水狗」的種類的其中
一種。體長 12 公分。在接近夏
天的時候，外鰓會消失，然後上
陸活動

現在有尾目中大約有 10 科 2 亞科 58 屬 350 種的已
知物種。六角恐龍的分類位置是歸屬於有尾目、蠑螈亞
目、鈍口蠑螈科，在北中美地區多數的種類多屬於鈍口蠑螈屬
的一種。英文名多用 Axolotl，中文正式名稱為墨西哥鈍
口蠑螈，在日本則是以「ウーパールーパー（嗚帕魯帕）」
的名稱最受歡迎。

在鈍口蠑螈屬的物種中，有一種在幼年時期常以水狗
（water dog）稱之的虎斑鈍口蠑螈，分佈於加拿大曼尼托
巴省到美國德州與佛羅里達州北部的東部虎斑鈍口蠑螈，分
佈在美國的德州、亞利桑那州與新墨西哥州的橫帶虎斑鈍口
蠑螈，分佈在加拿大到美國北達科他州與南達科他州的灰

在歐洲廣泛分佈的火蠑螈幼體。這是一種會直接產下幼體，胎生的兩棲類動物。有些幼體只需要一週不到的時間就可以上陸活動。這是一種黑黃相間的美麗物種

虎斑鈍口螈，以及分佈在加拿大到美國北部的斑點虎斑鈍口螈四個亞種。其種名 tigrinum，主要是描述虎紋鈍口螈身體上的老虎般的花紋。虎紋鈍口螈在其幼體時期，全身呈現黑灰色與灰褐色，外觀與六角恐龍相似，在乍看之下常常還以為是看到六角恐龍。但是，當其成熟以後，虎紋鈍口螈會變態並開始移往陸地上生活，與幼體成熟的六角恐龍則截然不同。

六角恐龍的近親多數都喜好生活在涼爽且潮濕的環境，多分佈在溫帶到寒帶之間，但在南半球則沒有他們的蹤跡。六角恐龍的近親種目前已知包含了杜氏鈍口螈（A. dumerili）、萊爾馬鈍口螈（A. lermaense），但是這些都是很罕見的兩棲類動物，也很少有其照片登錄或記載。

在鈍口螈屬的種類中，環紋鈍口螈（A. annulatum）、斑點鈍口螈（A. maculatum）與暗斑鈍口螈（A. opacum）則是相對比較為人所熟知的美麗品種，相對應的他們的流通量也比較高。基本上所有的有尾目動物都很有趣，他們的飼養也都很使人樂在其中。

紅腹蠑螈的幼體。在成長的時候，因為
腹部呈現鮮紅色，所以以此為名，是棲
息於日本的原生兩棲類動物。幼體與六
角恐龍一樣都具有外鰓，但是跟六角恐
龍比起來，體型就纖細很多

除了六角恐龍以外，具有幼態成熟的兩棲類動物包含了
分佈在加拿大與美國有泥狗（mud puppy）之稱的斑泥
螈（*Necturus maculosus maculosus*）以及大鰻螈（*Siren
lacertian*）。如果考慮到幼體外觀的部分，有日本產的
紅腹蠑螈（*Cynops pyrrhogaster*）、劍尾蠑螈（*Cynops
ensicauda*）、東京山椒魚（*Hynobius tokyoensis*）以及
霞山椒魚（*Hynobius nebulosus*）在幼體時期都與六角恐

霞山椒魚的幼體。孵化數日後，外觀就看起來很均勻

東京山椒魚的幼體。當手腳都長齊以後，就開始為上
陸活動做準備

龍非常相似。這些日本品種所喜好的生活環境也與六角恐龍非常相似。也就是說，他們偏好涼爽的氣候。

紅腹蠑螈基本上全年在市場上都可以看到有人販售，東京山椒魚與霞山椒魚大多數則是在初春的時候以卵塊或是幼體的型態進行販售，初春以後則是以具有產卵能力的成體在市場上販售。在飼養方面，雖然紅腹蠑螈最好飼養，但是仍然要為其營造一個舒適的生活環境。與六角恐龍相同，高於 30℃ 的生活環境，將會對他們的生命造成威脅，對於山椒魚或是蠑螈一類的動物來說，高於 30℃ 的環境是相當致命的。

市面上販售的六角恐龍大多都是具有繁殖能力的個體，但是皆處於與自然環境隔離的飼育型態，紅腹蠑螈、東京山椒魚以及霞山椒魚雖然有販售人工繁殖的個體，但同時也有從野外直接採集來進行販售的個體。如果你對所有近親中或是近似種都感興趣的話，不知道你是否能好好的調查他的生活環境，並盡可能的營造出最合適的生活環境後，在進行飼養與繁殖。與這些物種相比，大概沒有比六角恐龍更容易飼養的物種了。

虎紋鈍口螈的幼體。作為「水狗」在四月前後進口。虎紋鈍口螈有橫帶、東部以及斑點虎紋鈍口螈等 5~6 個亞種。跟六角恐龍類似，食慾很高，成長快速。在氣溫上升的時候，受到水溫的刺激就會開始變態，然後上陸活動

六角恐龍的品種

從野生型的體色一直到金色或白化的個體，
會因為基因遺傳調控的關係
出現許多體色上的多樣性。

白體黑眼六角恐龍

　　據說目前野生體色的六角恐龍因為在墨西哥原生族群數量正在大幅下降，因此開始著手進行保護復育，但是原生棲地的環境仍然持續的惡化中，所以當前的原生族群數量仍不得而知。也因為這個原因，按照目前華盛頓公約（CITES）附錄二所規範的稀有動植物貿易條例中，目前想要進口野生採集的六角恐龍幾乎是不可能的。雖然看不到野生的六角恐龍非常令人失望，但是希望透過保育的進行讓野生棲地的原生族群數量能足見恢復。

黃金六角恐龍

據說是在 1964 年的時候，透過墨西哥鈍口螈（也就是六角恐龍）*Ambystoma mecicanum* 與雌性白化的虎紋鈍口螈 *Ambystoma tigrinum* 交配後產下的第二代子代來得到的品種。現在多認為不是一種異種雜交得到的品種，應該是透過六角恐龍的種內遺傳調控的結果

白體黑眼六角恐龍

12 公分大的年輕個體。在水質管理以及水流狀況優良的環境下，外鰓會很帥氣地展開。這也是六角恐龍的魅力所在。養六角恐龍還是要養那些有漂亮外鰓的個體比較好玩

原生的六角恐龍全身為暗褐色，理論上來說與人工繁殖的大理石體色品種類似，因此也有人認為大理石體色的品種則是最接近原生野生型的血統。人工繁殖的大理石體色品種與野生型幾乎沒多大的區別，也因此在人工繁殖下也常常會出現，例如：白化個體與普通體色的個體交配後所產下的第一子代也常會是大理石體色個體，不同體色的個體在交配後產下的子代也往往會出現飼育型的大理石體色。當然人工飼育的大理石體色品種的體色通常會比野生型的體色要深，體側的斑點也通常比較粗大。同樣的，如果是使用金黃色個體的進行交配時所出現的大理石體色特體，某些外鰓與前肢則常帶有黃色的花紋。

帶有濃烈黃色調的金色體色個體，是目前非常受歡迎的品種。這種體色據說是在 1964 年時透過異種雜交，以人工的方式將雄性的墨西哥鈍口螈（六角恐龍，*Ambystoma mexicanum*）與雌性的白化虎紋鈍口螈（*Ambystoma tigrinum*）交配後產出的第二代子代所獲得。但是，幼態持續的六角恐龍與變態後會上陸活動的虎

野生體色的六角恐龍

最近很少看到具有野生體色的個體。在理論上，大理石紋六角恐龍的體色跟野生型類似。但是在人工繁殖的狀況下，因為也跟各式各樣的個體交配過，大理石紋六角恐龍跟印象中野生型的體色也漸漸有些落差了

野生體色的六角恐龍
與左頁的個體是同一個親代繁殖出來 9 公分大的 F1 個體。六角恐龍的體色的遺傳的基本型，所以會好好的保留他

紋鈍口螈是如何交配的？這一點並沒有詳細的說明與記載。當然，六角恐龍也會因為生活環境水變淺或是投與誘發變態相關的荷爾蒙後，出現上陸活動的有尾目兩棲類動物，因此與其他同樣會上陸活動的有尾木近親交配也不是不可能的。但是，即使金黃色品種是不同種動物雜交後的產物，但是金黃色的六角恐龍仍然可以跟所有的個體交配產卵。因此目前這些體色的組合，應該是既有的六角恐龍體內不同的基因組合後所造成的狀況。

現在在寵物圈內，白色體色帶有黑眼的白化六角恐龍人氣是最高的。這種體白黑眼的六角恐龍其實在學術上沒有太多意義，但是常常在商業廣告或是以中小學生為主的的圖鑑中出現。當野生體色的個體交配時，往往也會出現這種白體黑眼的個體，在野生環境中也會自然產出白色個體，因此白色個體似乎不是以前雜交後的產物，有可能這種白化個體在自然狀況下也會產生。

具有紅眼的白化個體也被認定是六角恐龍的異色品種之一。然而，他在卵或是幼體時期與具有黑眼的品種相比就非常容易判斷出差異。實際上雖然都具有白色的體色

與紅色的眼睛，但很有趣的他們的白色體色間卻仍具有些微妙的差異。

最近黑色、灰色與藍色體色的品種也陸續出現，這些體色也被認定為是六角恐龍的異色品種，同時也逐漸開始在玩家中流行起來。體色是由黑色素細胞（melanocyte）與虹膜細胞（iridocyte）的數量與分佈造成，黑色、灰色與藍色間微妙的顏色差異。在國外，大概已有被認定 30 種以上深淺不一的異色品種，包含少見的褐色、巧克力色與大理石色的品種存在。有興趣的話，請參閱 http://www.caudata.org（可直接掃左側 QR code）。雖然幼體在育成管理上非常的困難，但是透過不同品種間的交配，有可能會突然變異然後出現包含突變色在內新的異色六角恐龍，光是這點往往就讓人樂在其中。

http://www.caudata.org

灰色六角恐龍
大多數正黑色六角恐龍常會被稱作「黑色素 (melanoid)」。在黑色個體中，也有會像這隻一樣，具有灰色的體色。也有些會帶有藍色調，這是一個非常有趣的體色品種

白體黑眼六角恐龍

這是最有人氣的體色變異型六角恐龍。白體的遺傳基因是隱性的，所以當同型隱性基因配對 d/d 的時候，就會出現這種體色，同時也被稱為輕白化

大理石紋六角恐龍

在體色遺傳基因為 D/D 或是 D/d 的時候，就會出現這樣的體色。在都是 D/d 的個體配對的時候，產下的下個子代就有可能是具有 d/d 基因型的輕白化個體

白化六角恐龍

白化遺傳基因 (a) 在同型隱性基因組合下，就會出現白子化的現象。眼睛呈紅色以及白色的體色是他最大的特徵。有時候可以在這些個體中發現眼睛周邊是否有金色環，這也是一個很有趣的項目

白體黑眼六角恐龍

六角恐龍中人氣最高的體色之一，一般稱之為輕白化。輕白化是一種先天色素缺乏的類型。圓滾滾的黑眼睛顯得特別可愛

白體黑眼六角恐龍

　　有些六角恐龍體色大致上介於不透明的淺粉紅色到乳白色之間，搭配上黑色的眼睛，毫不誇張地，可愛的體色配搭讓六角恐龍的人氣急速攀升。從遺傳學的角度上來說，暗色體色是顯性的遺傳性狀 D 來調控，當由同型的隱性基因 d/d 配合的時候體色就會偏白，相對的如果帶有顯性基因 D，如 D/D 或 D/d 的時候，則會成為全身帶有暗褐色斑紋的野生型體色個體（人工養殖的則稱之為大理石色）。

　　由於這種體色屬於非常容易提高產量的類型，所以在販賣上數量也比較多，也比較容易買到。在國外，被稱之為輕白化六角恐龍（先天性色素缺乏型）。最初在日本，「ウーパールーパー（鳴帕魯帕）」的名稱指的是在頭部與背部還有些許殘餘黑色素細胞的白色體色的六角恐龍。在飼養上，單獨飼養亦或是同時將多數個體養在同一魚缸中都是可以的。但是在同一個魚缸中養好幾隻的時候，如果餌料給予不充分，這時候他們就會攻擊、咬傷彼此的外鰓與四肢。但是，這類的意外事件其實不常發生。

白體黑眼六角恐龍
有些個體的眼睛周邊會有很清楚的金環。白體黑眼的六角恐龍是一種的眼睛會說話的品種

白體黑眼六角恐龍
8 公分大小的個體

白體黑眼六角恐龍
6 公分大小的個體，外鰓會張得很開。當然遺傳的因素也有，但良好的水質管理有助於養出這種漂亮外鰓的個體

白體黑眼六角恐龍
12 公分大小的年輕個體。這是出生後 3 個月的大小。這時候成長的速度之快多少也是讓人吃驚的

白體黑眼六角恐龍
具有黑眼的個體。像這種白體黑眼的六角恐龍個體特別受到歡迎。即是同樣是白體黑眼的個體也存在微妙的差異，這也是在飼養上的一種樂趣

白體黑眼六角恐龍

超過 20 公分的成體的正面照（右）。

在餌料以及空間都非常充分的環境下養大的個
體，這樣的成體就會有非常帥氣的外鰓。10 公
分以下個體在互喰之後，受傷的外鰓會很快的再
長回來，但是 15 公分以上的個體，外鰓跟前後
肢的再生時間就需要長很多

白體黑眼六角恐龍
在 75 公分大的魚缸中多體飼養 14 公分大的個體。全部都是白體黑眼的兄弟，在多頭養殖的時候，相同大小的兄弟養在一起也是很有趣的

白體黑眼六角恐龍
正面可以看到他可愛的表情。出生後
個月的個體，體長大致上會達到 10
公分。這是個可以安心使用人工飼料
餵養的時機

白體黑眼六角恐龍
公分大小的個體，這時候尾部的皮
膜會比較大，是游泳時推進力的主要
來源

白體黑眼六角恐龍
6 公分大小的幼體。孵化後約 6 週的
時間，這時候會開始使用後腿

黃金六角恐龍
12 公分大小的個體。這是黃色調非常濃厚的個體。這種黃色調會隨著成長越來越濃

黃金六角恐龍

　　這是全身帶有黃色調的白化六角恐龍。全身帶有深淺不一的黃色斑紋是他最顯而易見的特徵，可以說是最美的六角恐龍之一。由於黃色素細胞（chloragosomes）的作用，所以出現鮮豔的黃色斑紋。有些黃金六角恐龍，並不會有黃色的斑紋，取而代之的則是帶有深淺不一的白色斑紋，這是因為黃色素細胞由於受到缺黃色素（axanthic）基因 ax/ax 的調控，所出現的隱性基因型個體，最後就成為白化黃金六角恐龍。

　　據說，黃金六角恐龍據說是在 1964 年由雄性墨西哥鈍口螈與雌性白化虎紋鈍口螈雜交後產出的第二子代中得到的。但即是他的起源來自於種間雜交，但是這種黃金六角恐龍也可以與其他所有種類的六角恐龍配對產卵，並且可以從遺傳基因組合上解釋六角恐龍的體色。在飼育上，黃金六角恐龍也與其他的六角恐龍一樣，非常容易。

黃金六角恐龍
黃色調很淺的黃金六角恐龍。黃色調的濃厚受到遺傳基因 ax 的調控而有落差，像是 AX/AX、AX/ax 以及 ax/ax，黃色調的濃厚都不一樣

黃金六角恐龍
公分大小的個體。尾巴開始泛出珍珠般的斑紋。隨著逐漸長大，珍珠般的斑紋會逐漸佈滿全身

黃金六角恐龍
體長 12 公分大小的年輕個體。體
側的部分出現珍珠般的斑紋，成體
的時候大致上就是長這樣

黃金六角恐龍
18 公分大小狀態很好的個體。體態
也感覺很豐滿。白化型有分為白體的
白化型以及金色的白化型。相對於黑
眼的品種，白化型的食慾比較旺盛，
從這一個角度思考，在飼養上比較容
易。相對於黑眼的個體視力比較差，
所以當餌料一到嘴巴附近會比較快的
就張口就去咬去吃

黃金六角恐龍

外鰓跟頭部會出現珍珠般光澤與斑紋的 11 公分大小年輕個體。在成長的過程中，體色的黃色調會越來越強。有時候珍珠般的斑紋也會出現在外鰓上面

黃金六角恐龍的幼體。6 公分大

黃金六角恐龍的幼體。4 公分大

黃金六角恐龍的幼體。4 公分大

黃金六角恐龍的幼體。4 公分大

白化六角恐龍
全身白色的白子化個體。眼睛因為
缺乏色素，所以會透出血液的顏色
而變紅

白化六角恐龍

　　跟多數動物一樣，六角恐龍也會出現白子化的個體，全身呈現乳白色。白化症是由白化症基因調控，當出現同型隱性基因組合的時候，生物則會出現白子化現象，由於眼睛的色素缺乏，所以會帶有血液的顏色，最後就成為赤眼。白化症的六角恐龍，全身呈現乳白色，與之前提到全身帶有濃豔黃色調、全身帶有黃色斑蚊的黃金六角恐龍被認為是兩種可以混搭在一起的異色品系。這一個品系非常強健，由於他的視覺很弱，所以當周邊有會動的物體時，他會有馬上張口去咬的特性。所以當白化六角恐龍與其他品種混養的時候，他常會去攻擊其他人的肢體與外鰓。

　　實際上，白化型與金色型組合在一起的六角恐龍大致上可以分為三大類，帶有 a/a、ax/ax 的基因型的缺黃色素白子化型，帶有 a/a、d/d 的白色白子化型與帶有 a/a、m/m 的黑色素缺乏白子化型。許多具有養過白化個體經驗的人認為這三種是有辦法相互區分的，因為白化個體

白化六角恐龍
在以前白化型是非常珍稀少見的類型，最近與白體黑眼以及大理石紋都是屬於非常常見的類型

中有些是有點半透明的白色的個體帶有一點點，有些則是帶有淡淡的黃色（這與黃金六角恐龍明顯濃淡黃色斑紋不一樣）。在這些體色中仍可看出明顯的差異。搜集這些個體也是在飼養六角恐龍中的樂趣之一。

白化六角恐龍

在游泳中 10 公分大的白化個體。跟白體黑眼的兄弟相比，白化型的因為食慾比較旺盛的因素，所以成長速度比較快。因為視力比較差，所以混養時會有互喰的可能性，所以危險度比較高，一定要注意

白化六角恐龍

對白化六角恐龍來說，在遺傳上基因型為 a/a。在受到 D（大理石紋）、d（白體）、AX（黃色）以及 m（黑色）等其他遺傳因子的調控，也會出現體色上的落差

白化六角恐龍
20 公分的成體。初春出生的幼體，
在隔年會長成超過 20 公分的成熟
個體。隔年開始，就會開始產卵。
在良好的管理飼育之下，六角恐龍
是一種可以活 10 年的兩棲類動物

白化六角恐龍
外鰓的血管以及眼睛的顏色，都會因
為血液顏色透出來，同樣會呈現紅色

白化六角恐龍
具有 AX/AX 或是 AX/ax 遺傳基因
的白化六角恐龍。背部會有一點點
黃色調

白化六角恐龍
4 公分大小的幼體群。幼體在飼養的
時候，把具有黑眼的個體與白化的個
體分開養會比較好。當把白化的個體
與黑眼的個體一同混養的時候，體長
超過 3 公分的白化幼體與超過 4 公分
的黑眼個體，相較之下會處於較弱勢
的地位

白化六角恐龍

12 公分大小的年輕個體。個體的體色雖然是白色，與白體黑眼的不一樣。在白化的六角恐龍中，有可能會因為具有不同的遺傳基因型，所以出現微妙的體色落差

白化六角恐龍的幼體

在卵內發育的幼體，全身會呈現淺黃色

不具有金環的眼，這是視力更弱的白子

具有金環的眼睛。雖然視力很差，但比左邊的個體好一點

大理石紋六角恐龍
10 公分的年輕個體。具有與野生體色同樣，全身分佈以黃褐色為基調的暗色斑紋

大理石紋六角恐龍

　　基本上這種體色的六角恐龍與野生體色幾乎相同，由於身體上遍佈深淺不一的細細斑點，故稱之為「大理石紋」。整個身體呈現暗褐色，從頭部開始到身體兩側都不規則分佈著深淺不一的斑點。狀況與生活條件良好的時候，有些個體的體色還會帶有淡淡的綠色或是黃色，對於喜歡原生種的兩棲動物粉絲來說他們更偏好這一種類型。

　　從基因上來說存在著許多類型，有些是白化種與輕白化型的組合，有些是白化種與金色的組合，有些則是白色型與金色的組合。與輕白化型、白化型或是金色型相比，大理石紋的個體的人氣就相對較低了，但由於有些人就是喜歡這種帶有野性的味道，大理石紋的類型在兩棲動物愛好者中仍然頗為流行。此外，在大理石紋六角恐龍之間的繁殖中，由於受到其祖父母的影響，很好玩的會出現許多不同體色的個體，另如，輕白化型、白化型或是黃金六角恐龍。由於飼養容易，所以如果不忽視水質的管理，在寬敞的環境中養殖的時，他會顯現出上述的美麗的外鰓以及非常有韻味的體色。

大理石紋六角恐龍
12 公分的大理石紋六角恐龍。頭部與外鰓都佈滿很多黃色斑紋的種類，是帶有 AX/AX 基因的大理石紋六角恐龍。

帶有深褐色的大理石紋六角恐龍。
體長 15 公分

大理石紋六角恐龍
6 公分大小的幼體。非常道地的顏色，可愛的表情跟其他品種一樣

大理石紋六角恐龍

10 公分大小的年輕個體。圖中個體的體色帶深褐色基色調較淺，頭部與體側呈現淺褐色。這樣的六角恐龍常稱為
黃褐色的異色個體，在長大通常會被認為是黃色的類型

大理石紋六角恐龍

外鰓會帶有黃色斑紋的個體。最近基
調色比其他大理石紋個體淺的個體，
在黑眼附近會具有金環。但這個黃色
調的部分跟黃金六角恐龍的黃色不是
同樣的來源

大理石紋六角恐龍

8 公分大的大理石紋六角恐龍。如果在生長過程中外鰓都沒有受損的個體，會讓人感覺更狂野

大理石紋六角恐龍。4 公分大

黑色六角恐龍

12 公分大小的個體。正黑色的六角恐龍通常會被稱為「黑色素（melanoid）」。這種體色源自於 m 基因的隱性同型基因的組合下會出現。以前這樣的體色很少見，但近來由於很多黑色個體的交配下，看到黑色六角恐龍的機會越來越高

黑色六角恐龍

　　有一種六角恐龍全身都是黑色的。與野生體色型或是帶有茶褐色斑點的大理石紋型的六角恐龍不一樣，從幼體開始，全身都是黑色的，而且隨著年齡的增長，他的黑色就越來越深，變成了「正黑色的六角恐龍」。在遺傳上由於調控黑色素細胞（melanocyte）的基因呈現隱性同型配對 m/m 的狀態會有大量的黑色素細胞表現，虹膜細胞（iridocyte）在沒有作用的狀況下，就會出現這種體色。這些黑色六角恐龍中，有些是黑色的，有些則是灰色的，有些在頭部會出現些許斑點，這是因為他們具有不同的基因型造成的差異。然而，這是一個不容易買到的類型，由於全身呈現正黑色的個體在繁殖上比較少出現，所以在市面上流通量也相對較少。但是，與其它類型不一樣，兩隻黑色六角恐龍交配之後，除了特殊的白子化的類型以外，基本上都是黑色或是灰色的。因此如果你有一對黑色六角恐龍，繁殖出來的都會是黑色或灰色六角恐龍。

黑色六角恐龍
12 公分大的黑色六角恐龍

黑色六角恐龍
被稱為藍色六角恐龍的類型，通常背部常會出現黃色的斑紋出現。這是因為虹膜細胞（iridocyte）的分佈，因此不同的發色版重別，導致出現的體色。在遺傳基因組合上應該是 m/m、AX/AX

色六角恐龍
有帥氣外鰓的個體。六角恐龍在育上，在維持外鰓與體長平衡的部分是非常重要的。通常，這是需要在料上多下點工夫才能孕育出健康的體

黑色六角恐龍
18 公分大的個體。在成長的時候體色是呈現正黑色。通常他們的遺傳基因型都是 m/m

黑色六角恐龍
12 公分大的年輕個體。擁有健壯的體格以及圓圓的眼睛的黑色六角恐龍，人氣非常的高

黑色六角恐龍
淡黑色的個體。從不同角度觀看的時候，會發現帶有藍色的色調。大多數藍色色調的個體如果在帶有多一點黃色色調的時候，就會被歸屬在灰色六角恐龍的範疇之中

黑色六角恐龍
腹部帶有強烈藍色色調的個體。通常這是因為虹膜細胞（iridocyte）的分佈所造成的顏色變化

黑色六角恐龍
灰色體色的個體。在最近幾年黑色六角恐龍在入手上也變得越來越容易了

51

大理石紋 × 白體黑眼

突變色個體，通常是在交配後產下因為突變而具有特殊體色的個體。這兩隻個體是由大理石紋六角恐龍與白體黑眼六角恐龍交配後產下的個體

大理石紋 × 黃金六角恐龍

在大理石紋六角恐龍之中，也存在著各式各樣的類型。這是還不到 12 公分大小的個體，相當讓人期待今後他的體色會如何改變

突變色六角恐龍

基調色是淡淡黃色，整體偏白，在尾部與尾鰭皮膜上會出現大理石紋六角恐龍才具有的斑紋。這種體色的個體偶爾會出現，但是通常在還長不到 10 公分的時候就死掉了。相較於普通的品種，是體質比較差的類型

突變色六角恐龍

尾部跟大理石紋六角恐龍一將具有大塊大塊的黑斑的白色個體。外鰓則具有跟黃金六角恐龍一樣的馬賽克斑紋突變色個體。通常來說長得比較慢

突變色六角恐龍

全身灰褐色的個體。是黑色六角恐龍一脈所生下來帶有灰色體色的突變個體，因為突變體色變得讓人出乎意料之外。通常突變色個體的成長速度都會比較慢

·六角恐龍的產卵行為·

在水蘊草中準備產卵的兩隻雌性個體

六角恐龍的繁殖其大致上是在 2~5 月間，也就是在初的時候迎來高峰期。這時候冷冷的水溫正開始變暖，雄性雌性受到水溫的刺激就開始發情。當發情的雄性看到具有卵能力的雌性的時候，他就會將精子包進莢囊中形成精包並把它附著在水底。雌性個體透過生殖孔將精包攝入體內成體內受精。攝入精包的雌性在接下來的幾天中會找尋水或是其它基質，在其上方產卵。找到一個可以用後肢牢牢住的地方後，就像青蛙下蛋一樣，產下一條以膠質包裹的鏈。如果開始飼養六角恐龍的話，絕對一定要挑戰一下繁部分，因為非常有趣。

將水草分開，在找尋合適產卵場所的雌性六角恐龍。這隻雌性個體體長為 25 公分

右邊的雌性個體就算上下顛倒，也會用後腳抓著水蘊草，持續產卵動作

雌性六角恐龍每次產卵大約會產下
300~600顆卵。在產卵期中，普通會
分為好幾次產卵，大型個體在一次的
生殖季會產下1000顆以上的卵

用兩隻手將水蘊草撥開尋找產卵場
所。這樣的姿勢也很可愛

水蘊草上產卵。有時候在找尋合適的產卵場所的時候，往往會爬上水草

產卵的時候，後腳會抓
水蘊草，然後把產下一
位相連的卵黏在上面

飼養的基本

如果完善的水質管理，
六角恐龍將可以活得非常良好，
是一種非常好飼養的兩棲類動物。

儘管六角恐龍的體長可以長到 25 公分，但是在市面上販售的大多數個體都不到 10 公分。相對的，如果餌料給予充足，他的成長速很快，大約一個月就可以長到 12~14 公分。最開始養殖的時候，可以使用塑膠魚缸進行靜水養殖（一種不需要打氣只需要換水的飼育方法）就可以，但是在飼養開始的時候，將所有的飼育設備都備齊，這是養殖動植物最基本該具備的心態。

飼養設備最基本的魚缸，可以用塑膠製的大型整理箱。如果只養一隻，缸子的大小大約要 40 公分寬，相對的如果是兩隻以上狀況，最小也要使用 45 公分寬的魚缸來飼養。由於六角恐龍是一個大胃王，所以水質常常會很

白化六角恐龍、金色六角恐龍的六公分大小的幼體群。如果餌料餵食充分，不讓他們餓肚子，全部的個體的外鰓都會發育良好

髒，當使用大型魚缸的時候，水量盡量不要太大。在選擇飼養魚缸的時候要注意一點，盡量選擇底面積較寬廣的容器。如果使用曝氣設備的話可以增加水體的溶氧量，曝氣設備所造成的水面波動不是直接增加水中的氧氣，而是透過增加水面的波動，增加水與空氣接觸的表面積來增加溶於水中的氧氣量，因此當水面面積越大的時候越能確保水體的溶氧量。

因此，在飼養六角恐龍的時候，水體的深度不用太多，舉例來說：90 公分寬的魚缸大致上水深在 45 公分左右就可以，而 60 公分的魚缸中，水深大致上只要 36 公分，最深 40 公分就已經非常充分了。

除了魚缸以外，其實也可以用整理箱或是深綠色塑膠盆一類的容器。這種深綠色的塑膠盆主要是設計來攪拌混泥土而製成的，所以相當的堅固，這一類的水盆公升數大致上有 40、60、80 以及 140 公升的版本。在大賣場中，也有一些用來養青鱂魚或是金魚的容器，你可以用相對比較便宜的價格買來用，只不過這些容器的水深是有點淺，

水族館中常見的各式魚缸

雖然在養六角恐龍的幼體上還滿方便的，相對的在繁殖六角恐龍上來說，多少會造成一些困擾。

在養殖六角恐龍的時候，不要忘記安裝過濾器。關於過濾器的部分，不論是投入式過濾器、佈置底砂的內置沉水過濾器、常搭配魚缸一起販售的外掛過濾器、上部過濾器或是外置圓桶過濾器，只要尺寸可以保持水質乾淨，不論哪一種類型的過濾器都是可以的。

由於是給予富含蛋白質的餌料，所以定期的換水是不可欠缺的一個環節。有時候有些人會說「養六角恐龍就是要裸缸」，他們會這樣說的通常是因為"這樣他們才不會誤食底沙"或是"這樣換水很方便"一類的理由。實際飼養上來說，裸缸飼養還滿容易上手的，因為換水的時候水不會卡在哪裡而倒不出來，也因為不會因為水中有什麼污垢沒被濾掉而積累了阿摩尼亞（氨）或是亞硝酸鹽。但是如果你都等到水看起來很髒的時候柴才換水，這樣對於六角恐龍的健康仍然是不好的。裸缸飼養的六角恐龍通常外鰓比較小，同時，他的手指與腳趾也比較沒力，往往也比較常看到比較肥胖的個體。

　　關於誤食底砂的情況，後續會進行說明。雖然有因為誤食底沙而導致排泄障礙的案例，但是多數六角恐龍都是飼養在有底砂的魚缸中，也很少見有大規模誤食底沙的慘劇發生。那這樣看起來，應該有其他的原因導致排泄不良不是嗎？當飼育者在享受飼養六角恐龍所帶來的樂趣的時候，也應該要追求讓六角恐龍能舒適生活的環境。

　　魚缸有沒有加蓋其實沒有差很多。有時候六角恐龍會跳出魚缸，即使是虎紋鈍口螈的幼年時期，也就是被稱之為水狗時的幼體也會有跳出魚缸的情況發生。雖然，大多數的人認為六角恐龍很少跳出魚缸，但是當魚缸高度不夠或是過於狹窄的時候，還是有可能會發生這樣的悲劇。當然，有時候水面與魚缸的缸頂很貼近的時候，這樣的情況也會發生，如果使用玻璃蓋就可以預防這樣的狀況發生。不僅如此，玻璃蓋的使用還可以有效的阻隔空氣中的落塵進入魚缸。當然，如果要防止水表面的油膜產生，那就真的要多多利用玻璃蓋了。

　　雖然六角恐龍是一種強健的兩棲類動物，所以飼育者們在大膽設計跟規劃飼養環境的同時也不要忘記詳細的思考。「這會不會導致什麼樣的問題發生呢？」、「更換這些飼育設備會不會有什麼不良反應呢？」這些通常都是飼育者們常常會傷腦經的問題，但是，只要順從著六角恐龍們的偏好就可以了。永遠不要忘了「快樂的飼養」的這個心態。

白化六角恐龍。當逆流前進的時候，會用力抓著底砂往前邁進

你想要的飼育器具

觀賞魚的水族飼養套件
其實也是六角恐龍的飼育基本套件。
提前將必要的設備先買到手吧！

　　觀賞魚的相關養殖設備逐年精進中。從魚缸開始，像是過濾器、加熱器、恆溫設備…等，相比之前，不論是在電器用品的耐用性上或者是缸內裝飾上面皆已經改良許多。

　　當然很多人的飼育設備買了以後，一用下去大概就會用了好幾年。當然在開始飼養之前你首先要考量到「接下來要用大概多大的魚缸？」以及「過濾器的效能大概要多少？」，然後去買下一些比較優質的產品。雖然一剛開始會感覺到有點貴，但是因為這是比較好的設備，在長久使用下來以後你一定會有一種「還好當初買的是這個」的感覺。

眼黑體 12 公分大的年輕
體。在初夏的時候，商店
的大多是這個體型。當把
育設備準備好以後，就可
準備入手了

六角恐龍在飼育上有一些設備是必須要備齊的，當然包括了一些零零碎碎的小東西。在這裡將介紹最低限度下必要準備的設備以及一些很方便的小東西。在去水族館血拼這些飼養用具之前，最好先核對下列的購買清單。

◎魚缸　　◎過濾器　　　◎濾材
◎恆溫設備或溫控器一類的保溫設備
◎底砂（礫砂、矽沙或是珊瑚沙一類的）
◎日光燈　◎水溫溫度計　◎玻璃上蓋
◎打氣幫浦、風管與發泡石
◎自來水中和用的水質穩定劑
◎可以撈起六角恐龍的網具

以上是在你飼養之前所必須要先準備的設備，當你準備好這一套以後就可以開始享受飼養六角恐龍所帶來的樂趣。除此以外，像是滴管、換水用的水管、以及用來清潔魚缸玻璃面的魚缸刷這一類的東西，在之後一點一點的再備齊就可以了。

魚缸

市面上已經有適合養六角恐龍的入門魚缸了。由於最近在水族養殖圈中越來越重視缸內的設計與裝飾，所以幾乎每個製造商都在製造跟設計各種材質與形狀的魚缸，所以可以盡情享受選購魚缸所帶來的樂趣。魚缸包含底部、

大理石紋六角恐龍的幼體。在長出
後肢以後，就可以抓住柳苔，好好
的待在上面了

正面、背面與左右兩側一共五個玻璃面，大多普遍是利月
矽膠進行黏合。這樣的魚缸再搭配上外掛式的過濾器以刀
置於頂部的日光燈，大概就是你最常買到的三件套組台
了。魚缸生產量最多的尺寸是 60×30×36 公分的大小
這通常也是水族館備貨量最多，也最常買到的大小。

　　弧形玻璃魚缸則是一種在魚缸的左右側與正面沒石
接縫的魚缸。它是由於目前可以將玻璃直接彎成 90 度角
的技術進而演化出來，並投入商業化生產的一種進化版住
缸，它的優點是具有一個較大較寬闊的觀賞面。

　　壓克力魚缸是由透明壓克力板製造的魚缸。與玻璃針
相比，壓克力是一種更容易加工也更輕的材質。壓克力住
缸的標準產品與玻璃魚缸相似，然而更常出現在特別規林
或是特大號的魚缸訂製上。在價格方面，壓克力魚缸的佢
格與壓克力板的厚度（以 mm 為單位）與材質有密切的
關連。國外進口的壓克力板或是回收再製的壓克力板的佢
格比較低廉，但是國產的優質壓克力板則是比較貴。當夘
壓克力接合的方法也會造成價格上的落差，所以也確實況
辦法特別推薦什麼產品。某些過分便宜的產品在使用上可

白眼黑體六角恐龍。要好好過濾你的
飼育水，這樣外鰓才會長得健康

能會破裂或是漏水。所以即使很便宜，但最好跳過不要考慮。所以是建議到經驗豐富的優質商店討論合適的厚度、材質以及黏合方法後再購買。

　　一體成形式魚缸大概是這 10 年間最為普及的小型魚缸。這是為了因應具有「雖然不是非常正式的水族玩家，但是總想在茶几或是桌上放個小魚缸」想法的人們的需求，進而問世的一個產品。大多數此類的魚缸的尺寸在 30~40 公分，在市場上也有許多相應對的商品，例如：外掛式濾水器與日光燈。這是一種適合六角恐龍單體養殖的便利型魚缸。

　　魚缸的決定以後，放魚缸的臺架也要好好的選購。像是用螺絲、螺帽所組成的兩段式組合架、或是組合櫃式的魚缸架、也有木製的或金屬製的魚缸架可以選擇，不需要選擇多麼花俏的，但務必要挑一個堅固耐用的魚缸架。對了，不要忘記考慮魚缸架的防水抗腐蝕性喔！

過濾器

　　在自然環境中，不論是天然的河流或是湖泊，都是廣闊且具有不斷流動的水體的棲地，相對來說，魚缸內的環境則是相當有限的。對於飼育玩家來來說，讓魚缸內的環境條件貼近大自然是不可避免的責任，為此缸內必須要設置一些設備，不斷將排泄物與殘餘餌料清除、淨化污水，

並且保持水中一定的溶氧量。這個設備的最主要核心是過濾器。在飼養六角恐龍上，這是最重要的一項設備，目前市面上有有許多不同樣式與功能的款式。接下來，將針對這些類型與用法一一進行介紹。

◎底盤式過濾器

這是一種安裝在魚缸底部的過濾器，利用空氣幫浦將空氣打入來增加水體循環的過濾器。這類型過濾器的上面通常會鋪上 3~5 公分厚的大磯砂一類的砂礫當作濾材，讓污水從砂礫中通過，讓污水與砂礫間生活的濾過型細菌接觸來淨化水質。這一類過濾器過濾後所產生的水質是最合適六角恐龍生活的一種。舊款的底盤式過濾器，在排氣時常常會有"噗～噗～"的噪音，但最近新款的產品透過發泡石來縮小氣泡，這一突破也讓底盤式過濾器也變成靜音型產品了。

◎上部過濾器

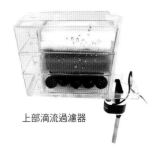

上部滴流過濾器

這是一種將水抽到放置在魚缸上方的過濾槽的一種常見行過濾器。過濾槽中放置專用的濾材或是砂礫以及濾棉，然後內有濾過型細菌活動著的組合式過濾槽，當水流過這個過濾槽後就會被淨化。在市面上有合適 45 公分、60 公分以及 75~90 公分魚缸的標準品，可以很方便地將其放置在魚缸上方。根據每個魚缸製造商自己的規格，也有出將置頂式過濾器與日光燈合而為一的版本，這種在外觀上就看起來更為簡約俐落。由於這類型的過濾器在使用跟更換上非常便利，每 3~4 週更換一次過濾槽中的濾材並清潔內部就可以，是一種可以長時間使用的過濾器。

上部過濾器

◎外置圓桶過濾器

這是一種密閉式的過濾器，將水打入過濾桶後，穩定地將水送出，同時也是一種幾乎不產生任何噪音的安靜型過濾器。品牌眾多可在水族館中輕易選擇購買。

濾材的使用上大多以表面多孔的人工濾材為主，當然過濾效果與濾罐的尺寸有絕對的相關。在清潔上，大致上每 2~4 個月清洗一次內部濾材就非常足夠了。

沉水過濾器

沉水過濾器

◎生化棉過濾器

　　這是一種輔助型的過濾器，適用於 40 公分或是更小的魚缸或者是與其他過濾器搭配使用，是一個非常便利的過濾器。上面所配搭的過濾海綿可以讓濾過型細菌在中活動，並連結著風管與打氣幫浦來進行打氣，當水流過海綿時，可以活化過濾細菌並進行水質淨化。Tetra 的水妖精生化棉過濾器是當中的代表。

◎沉水過濾器

　　是一種適用在 40 公分以下的小型魚缸或是與其他過濾器搭配使用的便利型過濾器。當中濾材是依目的可隨意進行更換的，當在過濾時，濾材會透過物理或生物濾過作用進行過濾，是一種簡便型的過濾器。建議大家可以考慮入手一顆試試看。

◎外掛過濾器

　　是一種適用小型缸的外掛型過濾器。使用的濾材常是抽換式的，更換只需要 10 秒鐘。因為很方便，所以也很受歡迎。如果只是六角恐龍的單隻養殖或是幼體養殖來說，效能還是算相當不錯。

小型缸外桶過濾器　　　　　外掛過濾器　　　　　外掛過濾器
　　　　　　　　　　　　　替換濾材

圓桶過濾器

液晶顯示水溫溫度計，簡易式水溫溫度計。飼養六角恐龍的時候，水溫溫度計是不可或缺的東西。每天務必要注意觀測水溫的變化

加熱棒以及溫控器

對於六角恐龍來說，18~25℃的水溫環境是活動表現最活躍的時候，但是從深秋到初春水溫逐漸的下降，在沒有保溫裝置的狀況下，對六角恐龍來說是一個相當嚴酷的季節。毋庸置疑的，隔年如果要刺激六角恐龍產卵活動的發生，勢必要經歷過一個稱之為冬化的冬眠期。雖然不一定要給予保溫設備，但是在會結冰的戶外養殖時，對於六角恐龍來說仍是相當嚴酷的時節。另外，在水量有限的魚缸中，日夜溫差會相當大，這也會造成六角恐龍大量消耗體力。

為了要改善這個問題，同時使用加熱器與溫控器將有助於水溫的管控。通過這兩個設備的併用，可以將水溫保持在 10~30℃之間。溫控器是一種像是傳感器的裝置，透過檢測水溫後來控制加熱器的開／關，如果水溫低於設定溫度，則會打開加熱器，反之則關閉加熱器停止加溫。通過這個功能，可以允中保持在一定範圍內。溫度控制模式方面，舉例來說，可以在冬季將水溫維持在 12℃的狀態來養殖六角恐龍。

近來，市面上有內建水溫感測器的自動加熱器，這種產品特別針對六角恐龍繁殖期與冬季時，低水溫環境的溫度控制上展現其驚人的威力。因此，你可以依據自己的需求來選購這一類的產品。

魚缸用冷卻機（製冷機）

七月到九月的夏天，對六角恐龍來說也是一個相當艱困的季節。在這段時間當中，將水溫保持在 25℃左右的狀態是最為重要的一件事。最快的方式是打開冷氣，把飼養六角恐龍的房間整個降溫，現在世市面上也有販賣魚缸適用的冷卻器。其實不只是六角恐龍，目前夏季高溫對於許多的水生生物來說都是一種生存上殘酷的考驗。尤其針對小型淡水蝦或是水晶蝦這一類人氣很高的水族寵物，很多水族用品製造商也開始因應小型魚缸的普及開發了很多小型魚缸適用的冷卻器，在近幾年中，這些產品也越來越多，價格也越來越親民。當然，這對六角恐龍的養殖來說也是件好事。

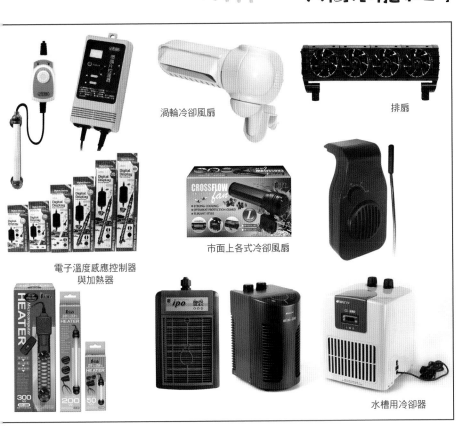

渦輪冷卻風扇

排扇

市面上各式冷卻風扇

電子溫度感應控制器
與加熱器

水槽用冷卻器

　　當然，作為降低水溫的裝置，架在魚缸上的冷卻風扇，也是很容易買到的產品之一。僅管他只能將水溫降低幾度而已，但是他可以增加水面的波動並有效的增加水中溶氧量。

　　六角恐龍生活的極限水溫上限是 29℃。在夏季公寓套房裡，當窗戶都閉起來的狀況下，水溫有可能會超過35℃。在這種情況下，還有一種應對方法是，將裝有水的寶特瓶冰在冰箱的冷凍庫內，在早上的時候把這個冷凍的寶特瓶丟進魚缸中，這也是一種降溫的方法。當然這個冷凍的寶特瓶要多準備幾罐，在使用的時候，丟入魚缸內要稍微地搖晃一下。在整個夏季的酷暑時期，確保水溫的降低是一件非常重要的事，這一點是絕對不能馬虎的唷！

花俏的養殖方法

初學者很容易上手的方法，
鋪一些底砂或是放一些茂密的水草。
我們是在追求自由又快樂的養殖方法。

　　六角恐龍即使是使用魚缸以外的容器，像是塑膠整理
箱、昆蟲箱或是那種用來攪拌混泥土用的深綠色塑膠盆、
甚至是保麗龍盒一類的，也都很適合用來養六角恐龍。與
小型魚缸相比，只要是底面較為開闊的容器都更適合用來
養殖六角恐龍。當然，魚缸也有魚缸的優勢，他可以從側
面觀賞六角恐龍，但其他的容器就僅能從上面觀賞了。如
果你要飼養一群六角恐龍，那在夏天以外的季節養在戶外
只要是雨水滴不進去的環境，也比在把一群六角恐龍擠在
一個小魚缸裡飼養好很多。

把一隻六角恐龍養在鋪有色底砂的玻璃製
金魚缸中。就算是換成這種完全不同風格
的氛圍，把六角恐龍養在裡面也不會感到
任何的不違和感。但是，要記得往裡面打
氣會好一點

　　如果在初春的時候，成功的讓家裡的六角恐龍交配，接
下來你要做好一下子要飼養幾百隻幼體的狀況。在他們發育
出前肢之前，你可以用塑膠盒來群養他們。但是在體長超過
4 公分或是後腿長出來的時候，就要換到比較大的容器或是
開始隔離飼養，不然就有可能會因為餌料不足，導致互喰或
是外鰓或尾尖被噬咬的意外發生。這種適合又方便用來養這
些幼體的塑膠容器，大概就是手邊能拿到的布丁杯了。當然
市面上的布丁杯有大有小，在選擇上，建議就依照幼體的大
小買個合適的布丁吧！

　　當然，用布丁杯來養的時候也會面臨到一個問題，那就
是用布丁杯養的時候很難一次幫所有的布丁杯打氣，因此建
議每天或是每隔一天更換 80% 以上的水，這樣就能確保水質
的乾淨與穩定。

各式各樣的容器

　　在大賣場中，你可以發現有很多各式各樣的塑膠容器，
像是塑膠盆、保麗龍盒或是各式各樣的塑膠盒，這些都可以
用來養六角恐龍。當你只想要養一隻六角恐龍的時候，小型
的魚缸是最合適的。雖然同時養各式各樣不同體色品種的六
角恐龍是讓人非常享受的一件事，但那時候你就最好要確保
你有足夠大或足夠多的容器。

　　在養六角恐龍的時候，偏好使用底面積較大的容器，深度
大概 25 公分就夠了，尺寸的話就看起來可以整齊排列的大小
就可以。最後在選擇上再特別注意一下這些產品在打氣相關設
備上便於安裝以及維護保養的便利性，這樣就非常足夠了。

底砂

　　底砂不僅是底盤式過濾器的濾材，更為水草的根系提供生長的空間，不同的種類會對水質產生不同的影響，是一種非常重要的飼育用品。市面上販賣的底砂，多是從自然河岸或海岸直接採取而來，因此建議在使用前一定要用清水徹底洗淨，這樣才能去除底砂加入後所產生的浮渣與混濁。

　　當然，底砂的使用在養殖六角恐龍上有利有弊，但是考慮到「確保水質的乾淨與穩定」以及「魚缸的整體都是活動的主要場所」這兩個層面上，在飼養六角恐龍的時候還是建議使用底砂。當然底砂的使用與否是飼養者的權利也是責任，所以沒有一定非使用底砂不可。

◎大磯砂

　　這是最常用於觀賞魚養殖用的底砂，大多採自於海邊的沙灘。顆粒大小大概介於 3~5 毫米左右，對於酸鹼值與硬度一類的水質指標影響甚微，因此大多數的魚類飼養都會使用。當大磯砂用來當作底盤式過濾器的濾材時候，建議每隔一至兩個月使用缸底清潔劑進行清潔。

◎矽沙、河砂

　　這是一種介於淺褐色與土黃色之間的天然河砂。與大磯砂相比，顆粒較細，顆粒大小也有差異，也可以用來把缸底鋪滿。在長時間的飼養的時候，不容易出現水質劇烈變化，是一種比大磯砂更合適穩定水質的一種底砂。

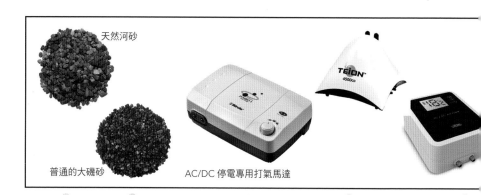

天然河砂

普通的大磯砂　　　　AC/DC 停電專用打氣馬達

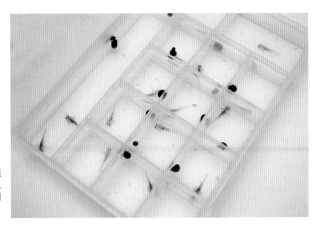

有一些小物可以用來一隻隻隔離養殖3公分以下的幼體,這樣的方式可以確保所有孵化的幼體完全的長大。用布丁杯來隔離養殖也有同樣的效果

在日本的河川中,如果未先經過許可是禁止大規模採集河砂。目前市面上,有很多公司水族廠商都有販售這一類的產品。當然,如果採的量很少,其實可以試著自己搜集一些,這樣也是很有趣的一個體驗。

日光燈

通常在欣賞觀賞魚美麗體色以及確保水草良好生長的狀況下,日光燈的使用是不可或缺的。同樣的,在飼養六角恐龍時,日光燈的設置也是重要的,同時魚缸內的設計與日光燈配色間的美妙搭配,也是會讓欣賞的人感到印象深刻。

日光燈與制式魚缸的尺寸勢必要搭配良好的,不論是36~40公分的魚缸、45公分、60公分、75公分、90公分甚至120公分的魚缸,在市面上都有販售各個配搭的日光燈。當然,也有各種顏色外殼的日光燈,像是藍色、黑色或是銀色一類的產品。在功率的選用上,45公分的魚缸適用15瓦的日光燈、60公分的魚缸適用20~40瓦的日光燈、而75~90公分的魚缸則適用30~60瓦的日光燈。當然在一般電器用品店中販售的日光燈也可以買來備用。

有些人會考慮到「六角恐龍喜歡明亮的環境嗎?」或是「日光燈的照射對六角恐龍有害嗎?」一類的問題。儘管六角恐龍是喜歡陰暗的環境,而且在沒有使用日光燈

ACCESSORIES
Undergravel filter
過濾底板
ACCESSORIES SYSTEM

過濾底板

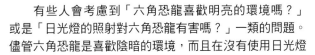

黃金六角恐龍

的陰暗環境下養殖也很有趣，但是使用日光燈來養殖六角恐龍並不會對六角恐龍造成危害。如果你擔心這一點的話，其實你可以使用一些陶管或是種植一些茂密的水草來營造遮蔭環境。日光燈也有分成植物育成用、螢光色以及高演色等不同的燈管，所以可以嘗試更換不同的燈管，在不同燈光照射下欣賞六角恐龍不同美麗的姿態，也是件充滿樂趣的一件事。

空氣幫浦、風管以及發泡石

在使用底盤式過濾器或是海綿過濾器的時候，空氣幫浦是不可或缺的設備。身為長時間一直都是魚類飼養設備必備品之一，近幾年來在市面上也開始出現很多靜音型產品。如果可能在夏天的時候，當水溫上升時水體內的溶氧量就相對的會減少，這時候可以多準備一些風管跟發泡石，當在換水時將六角恐龍移往水桶的時候，就可以很方便的同時打氣。

布丁杯

在六角恐龍成功交配後，所產下卵的數量一定會讓你瞠目結舌。一隻體長超過 20 公分的成熟雌體，一次會產下 300~500 顆卵。在 2~3 週後孵化後的幼體，會以豐年蝦的無節幼蟲為主食。在前肢長出的時期，如果幼體的餌料給予不足，他們就會開始出現互喰的現象。雖然說是互喰，但是也只是互相咬外鰓或是前肢的程度，越長越大

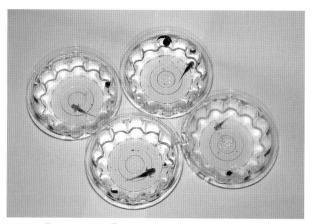

塑膠蓋或是布丁杯可以用來當作幼體或是年輕個體隔離養殖的容器。在使用上來說非常便利。在包裝用品店或是有販賣昆蟲飼育用具的商家都可以買到

白化型六角恐龍

以後，互喰變得更劇烈的狀況也並不少見。在這時候，其實可以使用塑膠製的透明布丁杯來避免這個問題。你可以依據幼體不同的大小選擇合適的布丁杯尺寸，而且也很便於用在把多數個個體進行單獨隔離養殖的狀態。在挑選購買布丁杯的時候，其實可以在甲蟲或是鍬形蟲專賣店的網站上線上購買也是個不錯的選擇。

戶外六角恐龍養殖

近年來，以水草與挺水性植物為主注重自然氛圍的生態圈方式的養殖模式越來越受注目。當然，多數六角恐龍的養殖是以小型魚缸為主進行養殖，但是當體長長到 25 公分之後，最好將他從狹窄的環境移到寬敞的環境中飼養，同時也可以開始享受貼近原生環境下養殖所帶來的樂趣。相對也會遇到一些困擾，像是雨天會造成水量會上升或是夏天很難保持低水溫的環境，這時候可以透過在養殖池上蓋個屋頂或是使用水族館中常見的大水量冷卻器來克服這些問題。

大型塑膠盆也是很合適的容器用來室外養殖。在底部鋪上大約一公分厚的底砂，然後再種上一些像是水蘊草或是金魚藻一類的強健水草，最後在邊邊再種上一些野茨菰或是香蒲一類的挺水植物，這樣個可以營照一個很有氣氛的飼養環境。一個大型塑膠盆的容器，大概在 110 公分 ×75 公分的大小下，可以很輕易的容納 10 隻六角恐龍同時飼養其中。

六角恐龍與水草

六角恐龍與水草的相性非常好。
可以試著在飼育魚缸中，選擇一些適應
低水溫且枝葉茂盛的水草來種。

　　六角恐龍最簡單的飼養方法，是準備一個魚缸底部
鋪上一層底砂或者是直接裸缸，然後再搭配上合適的過濾
器，這樣一套的飼養設備來飼養這樣就最不容易失敗。這
樣不僅對於便於像換水這一類的日常管理，同時也很容
易發現並清潔食物殘渣或是糞便。

　　對於六角恐龍飼養的初學者，那裸缸飼養就是你的最
佳選擇。但是鋪設底砂，並在缸內栽種繁盛的水草下來飼
養六角恐龍，這樣的魚缸不僅能讓飼育環境更貼近原生環
境，還能為魚缸帶來更高的觀賞價值。常常會聽到有人說
「如果鋪設底砂，往往會帶來誤食底砂的危險性」，但是

在茂盛的大星蕨這種熱帶蕨類間悠
遊的六角恐龍。大星蕨是一種常用
於熱帶魚缸的水草，在低水溫的環
境下也可以保持翠綠不容易枯萎

事實上大多數的六角恐龍都是飼養在有鋪設底砂的魚缸
中，基本上還沒有發現到任何有誤食底砂導致內臟出問題
的個體出現。確實，在六角恐龍的相關網頁上有發現到，
似乎有些人有發現到有些個體有出現誤食的狀況，但誤食
的原因並非由底砂所造成。但我個人認為，有可能是誤食
底砂以及內臟問題同時出現，但是這兩者可能並不存在因
果關係。如果你想要把熱帶魚與六角恐龍同時飼養在一個
魚缸中，藉由營造出一個貼近真實世界的環境來享受飼養
的樂趣的話，這一點你也不需要擔心。因為在水草茂盛的
魚缸裡，六角恐龍會很快樂地生活著。

　　適合養在六角恐龍的魚缸裡的水草，最好的也是最
簡單的選擇非水蘊草莫屬了。水蘊草與穗蒪在金魚缸中是
人氣最高的一種水草。最早的水蘊草的原生地來自於阿根
廷，目前它已經在全世界各地都有其歸化種。它的適應力
非常強，已經很已很廣泛地在環境中生長，所以也是最合
適養於六角恐龍缸中的水草。水蘊草也是在初春時期六角
恐龍最佳的產卵床。在產卵的時候，六角恐龍會用後肢牢
牢地抓住他，這樣就能好好的將產出來卵黏附在上面。由
於穗蒪的葉子跟莖比較柔軟，所以當六角恐龍在劇烈活動

大茨藻
原產地在北美的強健水草，可以長到 10~20 公分。葉色優美，可以用來當作產卵床使用

蕙蕁
根系很淺的一種有莖水草，在戶外的環境下會長得很茂盛

的時候，常常會扯下它的葉子。所以在選擇的排序上，水蘊草還是比較具有優勢的。

進而可以使用的種類，大概就是金魚藻了。菖蒲是一種在世界各地都有廣泛的分佈的水草，因為有根的關係，所以可以在水田跟池沼這一類水淺的環境中載浮載沉的生長。它偏好生活在明亮的環境，通常呈現亮綠色，但是根據環境的不同也有可能會變成紅褐色，在陰暗的環境中會葉子的顏色會變淺同時也會長不好。金魚藻、穗蕁或是水蘊草這一類的水草，對於六角恐龍的飼養來說都是不錯的選擇。

莫絲一類的水生苔類，是最近很受歡迎，常常用來營造不同的缸內氛圍。自古以來，就常常將它種植在沉木或是岩石上來裝做茂密的灌木叢，或是在魚缸中營造出叢林的氛圍。在飼養六角恐龍幼體的魚缸中，可以在中層水體中達到營造出一個廣闊的平台的效果，並提供這些幼體許多隱蔽的場所，同時也可以降低外鰓被咬的意外事故發生。

其他水草的部分像是水蘭茨菰一類的，或是熱帶魚缸會使用的細葉鐵皇冠以及水榕，你可以依照自己的喜好

小水蘭
是日本河川中常見的水草。常用來營造環境真實感

大星蕨
在水族館裡常會販售熱帶魚缸專用的一種水生蕨類。
是比較耐低溫的一個品種

卵苔
是水中可以長得很好的一種常見水生苔。可以活在沉
木或底石表面,是用來增加自然氛圍的景觀用水草

大茨藻
原產地在北美的強健水草,可以長到 10~20 公分。葉
色優美,可以用作產卵床使用

來營造屬於自己的真實世界的環境。但是,六角恐龍在缸
內移動的時候可能會踩踏這些水草,在游泳的時候也有可
能會去拔這些水草。但是不要忘了,在種植這些水草的同
時,最主要的目的是讓六角恐龍在當中能自由自在的生活
著。同時,你在缸內也可以佈置一些小型的沉木或是用一
些表面光滑的鵝卵石來組合缸內的造景,這些都是為了讓
六角恐龍能自由享受這個你所營造的真實世界中快樂的
生活著。

製備最合適的飼養用水

六角恐龍最喜歡好水，
所以一定要早一點具有將魚缸內的水
充分過濾的的好習慣。

　　儘管在六角恐龍的飼育上幾乎沒有任何困難，但是要說他最脆弱的地方，大致上都是水質惡化、水溫上升以及水質不良所造成的問題。六角恐龍偏好的水質，大致在15~25℃的水溫及弱鹼性的環境。因為六角恐龍基本上都是大胃王，所以會吃大量的餌料，同時也容易把缸內的水弄髒。雖然六角恐龍是一個非常強健的兩棲類動物，基本上不太可能因為水太髒就死掉，但是卻會因為水太髒而食慾下降。所以當缸內的水變髒的時候，外鰓與鰓就容易受損萎縮，體表也會出現紅色斑點。除了夏天的時候因為水溫上升以外，基本上六角恐龍很少會有死亡的意外發生，但是不管怎麼說，飼養環境惡劣總不適於六角恐龍的飼養。

在水草上漫步的白體黑眼六角恐龍。水草茂盛的程度，可以用來當作六角恐龍生活的水質指標

　　基本上，自來水在中和後用於養六角恐龍不會造成問題。如果要調節水溫，隨時都可以從熱水器添加不同量的熱水隨時調節水溫。另外，在飼養六角恐龍的時候，有一個小技巧，那就是你換水的頻率要比一般養熱帶魚的時候再高一些。即使在過濾器正常運作的狀況下，每週仍要固定更換一定的水量，這樣就可以將魚缸內的水持續保持在良好的狀態，這樣六角恐龍就可以每天吃的飽飽、健康成長了。

　　換水的方法很簡單，將魚缸內的水排掉 1/2~2/3，加入的水先透過水質穩定劑跟自來水消毒劑使用後，加入魚缸就可以。在飼育環境中如果有使用底砂，記得要先用手攪拌過，這樣才能在排水的時候把藏於底砂之中的髒污徹底排出，達到更好的換水效果。本來，外鰓上的鰓絲會

因為毛細血管的通過而呈現紅色，如果你換水晚了，這時候就會發現到鰓絲會發白然後脫落。當然，當水溫如果超過28℃的時候，也會出現這樣的症狀，對六角恐龍來說鰓是重要的器官，如果就這樣放著不管的話六角恐龍有可能會就這樣死去。要讓六角恐龍保持在良好狀況的訣竅就是，「在他需要之前就趕快換水，不要等到他憊憊一息的時候再換」。當然，你還有另一個選擇，那就是在做一個有良好棲息環境的魚缸，然後幫他搬家，這樣的效果也一樣好喔！

　　六角恐龍的原生棲息環境中，據說具有相當豐富的水草以及挺水植物，所以有可能的話，在魚缸裡種植些水草也可以添增一些在飼養時候的樂趣。通常六角恐龍在探找食物的時候會動來動去，有時候也會把你種在魚缸裡的水草拔起來。但即便如此，不論是種植金魚藻、水蘭、水丁香、茨藻、水蘊草、茨菰或是莫絲一類的水生苔，多少都具有協助穩定水質的功能。最重要的是，在水草茂盛的飼養環境中，六角恐龍都非常有活力的生活著。雖然無法量化種植水草可以替生物所棲息的環境帶來多少的好處，但是所帶來的效果卻是無庸置疑的。

　　雖然會擔心六角恐龍可能會把底砂跟餌料同時吞下，但是六角恐龍本來就是棲息在有底砂環境的生物，所以因為誤食底砂而導致死亡的可能性非常低，這是因為六角恐龍的內臟系統是比較單純的原故，所以放心，沒問題的。我在家裡飼養六角恐龍的時候，從來沒試過不用底砂的方

白化六角恐龍

大理石紋六角恐龍

式來飼養六角恐龍。當我用冷凍紅蟲當作餌料餵食他們的時候，他們常常會連著底砂一起吞進去，但之後也會主動地把吞下去的底砂一起吐出來，當然那些吞下底砂的個體我也沒發現他們有死亡的狀況。有些人認為不用底砂的裸缸養殖六角恐龍，會造成他們在生存上感到壓力，但是目前為止，在飼養六角恐龍的時候，有沒有用底砂其實沒有多大的差別。從另外一個角度來說，在沒用底砂裸缸養殖六角恐龍的時候，除非置頂式過濾器或是外置式筒型過濾器的效能非常好，不然魚缸裡的水通常都是混濁的。所以，假如你真的想要裸缸養殖的時候，當你一看到水變髒的時候，就要趕快換新的水，這是因為這時候水裡面的阿摩尼亞（氨）跟亞硝酸鹽的濃度已經很高了，這樣的環境對於六角恐龍來說是相當大的負擔。

實際上，裸缸養殖對於六角恐龍來說適不適合，一直都是個大問號。因為有些裸缸養殖的個體外鰓展開的狀況不是很好，所以，想來想去，還是用有鋪底砂的魚缸來養比較好。畢竟有鋪設底砂的魚缸可以同時種植水草，這樣的飼養環境也是比較正統的養殖方法，同時也能為飼主帶來更多樣化的樂趣。

送風扇可以往水面吹風。在水族缸的世界裡，由於水晶蝦一類的明星養殖物種降臨，所以用來將飼育水降溫的設備正在急速的普及中

關於水溫方面，夏季的氣溫對於飼養六角恐龍來說是不太適合的，盡可能的讓水溫保持在 25℃ 以下，對他們來說保持水溫在 20℃ 以下才是最合適的環境。當水溫超過 30℃ 的時候，就必須要依靠高頻率的換水，但是長時間這樣做在飼養上也會造成很多的困擾與不便。最近市面上有販售許多小型魚缸用的冷卻器，在飼養六角恐龍的時候，有一台冷卻器來輔助也是相當不錯的選擇。不只是六角恐龍，很多水族寵物對於最近夏季酷暑超過 30℃ 水溫的環境也非常不適應，尤其是在七月上旬開始到到九月中旬這三個月的時間中，所以如果手邊有這一類產品的話，不要猶豫，就用了吧！有些人有時候會因為價格的關係，產生出「魚缸用的冷卻器有點……」的猶豫想法，在市面上也有賣一些魚缸用冷卻風扇，雖然效果沒那麼好，但總比不用好很多。

兩棲類動物在飼養上有一個秘訣，那就是不論哪一種種類飼養水溫務必保持在 20℃ 左右，就算再退好幾步「也絕對不要高過 25℃」。現今市面上有很多已節能為標榜的冷氣空調也逐漸普及了，在夏季的時間裡，就算都開著空調來降低室溫，其實電費也不會太貴，所以可以不用太擔心。

當然，有些人會認為「我只有養一隻，卻要開空調，這真的就有點……」，這時候如果他們使用的是 60 公分或是更大有更多餘裕空間的魚缸的時候，其實可以透過好一點的過濾器以及打氣裝置來度過夏季。這時候只要在魚缸中丟進幾個冷凍過的裝水寶特瓶，這樣就在抑制水溫上升方面，也是具有相當不錯的效果。對於六角恐龍來說，水溫變高的同時，他的呼吸器官也就是外鰓就會開始變紅。這是身體變虛弱的危險訊號，在這之後，鰓絲就會開始剝落，然後呼吸功能就會受到阻礙，最後就會死去。當然，這樣的情況，在水溫低於 20℃ 的時候，鰓絲還是會有機會快速的再生回來，當然，溫度比較高的時候，再生速度就會比較慢，這時候對六角恐龍來說，又會回到面臨死亡恐懼的時刻了。因此，外鰓狀態觀察，將是水質控管的主要依據之一。

水質穩定劑

自來水因為含有氯，所以可以消毒，所以在日常生活中可以直接飲用。但是對於熱帶魚在飼養的時候，含有氯氣的殘存對熱帶魚來說是有害的，甚至會因為氯的殘留，導致熱帶魚的死亡。在過去，通常是使用海波（大蘇打、硫代硫酸鈉）來中和自來水中的氯。但如今，自來水的消毒模式逐漸在改變，僅靠海波來中和自來水中的消毒劑是不夠的，這時候你就需要使用自來水中和劑。

這一類的商品通常也被叫做水質穩定劑，可用來清除水中重金屬，降低重金屬危害，可以用來保護六角恐龍。主要是在新缸使用，或是準備加入新魚前使用。

◎除氯氨中和劑

這種產品大致上是帶有淡藍色的透明液體，你可以透過瓶蓋來量取適合的量然後融入水中。過沒多久，就可以馬上將魚放進去。因為這是一個常常會使用的中和劑，所以可能的話，建議多買幾罐起來備用。

◎ pH 調節劑

是降低 pH 值的調節劑，只需使用一點點就可以調節飼育水的 pH 值。對於六角恐龍來說，調高一點點飼育水的 pH 值對它來說是有幫助的。調節 pH 值時，最好搭配 pH 監視器使用，降低使用風險。

各式水質穩定劑

健康優良個體的挑選
與購買法則

接下來會養很久，
在挑選合適飼養的個體上，
多注意一下外鰓、手腳跟皮膚的狀態。

在魚缸設置好、養水這些準備都完成以後，就可以準
備出門買一隻健康的六角恐龍了。不論是在飼養哪一種動
物，一開始挑選身體健康的個體會於後續的飼養會造成很
大的影響。在購買六角恐龍上有一些要特別注意的要點，
請參閱下列的說明。

首先是六角恐龍的購入季節。大致上在每年的 3~7
月間，也就是在初春到初夏這一段季節，是交易量最大的
時候。因為在氣候環境的影響下，六角恐龍的產卵旺季是
在 2~4 月之間，這時候水族館裡販賣的大多是體長介於
5~12 公分之間的個體。這是因為那個時期的大小大多是
這個程度。

飼育的個體還是要挑選健康的，記得要挑外鰓跟手腳都健全的個體

在水溫超過 30℃的夏季，對六角恐龍來說是段相當嚴酷的時期，所以多數業者都會避免在這個時期進行運送，相對的這個時期市面上的販售量也會很低。另外，在秋天到冬天的時節，市面上也很少看到有在販賣的六角恐龍。就算有看到，也很少是小於 5 公分長的幼體，大多時候看到的都是已經養了一段時間大約 15 公分的個體比較多。

如果是第一次購買六角恐龍的話，我們推薦盡量在 3~6 月間買一隻約 10 公分大小的個體。除了這個時期的個比較容易買到外，這個大小的六角恐龍也已經習慣攝食餌料，所以飼養方面比較容易上手，對初學者來說是比較容易的。

當然，現在你也可以透過線上購買的方式，從一些拍賣網站上買到六角恐龍。但狀況也是差不多的，2 月時候上架的大多是一些卵或是幼體，3 月時候上架的大多數都是一些已經孵化的幼體，因此在這個時候，你可以用較低的成本買到各種大小跟顏色的幼體。當然網拍上購買也有

風險，當你標到這些動物的時候，這些動物的責任大多就落在得標者身上了。因此不幸地要是卵無法孵化、畸形、或是在運送過程中受傷或死亡，大多都要買家自己負責承擔。

在水族館裡，你可以找到輕白化、白化、金色或大理石色這些各種體色的品種。大多數這些品種間價格沒有差太多，但是金色白化的品種與其他品種相比大多數賣的比較貴一點點。因此，不論喜歡的是那一隻、哪一個品種？基本上在購買上都不會有太大的問題。特別要注意的幾點，像是：手腳四肢是否對稱結實？是否具有對稱且向外張開的三對外鰓？至於攝食是否有障礙，就要看腹部裡面是否有進食後餌料的蹤跡。有時候市面上販售的個體可能沒有那麼多具有三對對稱外鰓，但是在買到手後好好飼養，透過六角恐龍的再生能力，外鰓是會慢慢長回來的。

當多體飼養的時候，6 公分以下的幼體在一時缺乏餌料的狀況下，就會出現兄弟互啃的狀況，大多時候被咬掉的都是前肢的尖端，因此在挑選個體的時候一定要選手腳四肢都健全的個體。六角恐龍的再生能力不錯，依據被吃掉的手腳大小的不同，大致上在兩週到數個月之間就會再長回來，所以也有人不在意的人購買這些四肢有殘缺的個體。但是，左右前肢（兩手）喪失的個體，在攝取餌食的時候，無法把身體固定在水底，所以在購買的時候盡量不要挑這種的會比較好。

如果魚缸裡面的水太髒，或是打氣不充分，那表皮下會出現一些紅色的出血斑，身上也會有一些白色的分泌物。大多數這種情況，可以透過把這些不健康的個體移到別的比較乾淨飼育容器中治療，就會漸漸地好轉。這是六角恐龍的少數的弱點之一。但是對於飼養六角恐龍的人來說，還是要盡量避免這種情況的發生。初夏的時候，六角恐龍如果仍活在骯髒的水裡，那他的外鰓上粉紅色的鰓絲就會逐漸脫落，最後你就會看到外鰓有缺失的個體。對於一生都活在水裡的六角恐龍來說，鰓是一個很重要的器官，所以在購買的時候最好不要買那些鰓絲脫落或有損傷的個體。

白體黑眼的六角恐龍。市面
上販售的個體中，外鰓可以
充分張開的個體不多在挑選
的時候，盡量挑那些外鰓比
較長的個體，因為他們都生
活在比較好的水質當中，常
常會有乾淨的水流流過鰓絲

　　多數的人認為體色的歧異度是飼養的樂趣所在，因此
很多人以搜集各種體色的六角恐龍為樂。但是，在多體飼
養六角恐龍的時候，當白化的個體或是金體輕白化的個體
跟白體或是大理石色的這些具有黑眼個體一起養的時候，
紅眼的白化個體會去咬黑眼的個體的外鰓或是四肢。這是
因為視力較差的白化個體，會有「絕對不能讓捕捉到的獵
物逃開」的心態，把這些在動的個體都誤認為是他的餌料
然後去攻擊他。把白化個體與黑眼個體養一起的時候，這
這樣的意外發生機率會相當的高。所以務必要確認飼養空
間的充足性，好好的考慮到底要放多少的個體到同一個魚
缸中進行多體養殖。

　　當然，有些人喜歡享受買成年的六角恐龍來進行繁
殖的樂趣，但在市面上很少有賣成年的雌雄成熟個體。因
此，最好的狀況則是在春季到初夏的時候購入，然後育成
自己想要用來配種的親代。因為六角恐龍的成長速度比較
快，當你在春天買到手以後，到了秋天他的體長大致上就
已經長大到近 20 公分。所以在購買的時候，一定要好好
地挑選用來配種的親代。如果你一開始買的時候就買到
10 隻的量的時候，那可以放心，大多數這十隻裡面一定
公母都有。

在初期飼育時的管理準則

當你一開始買到六角恐龍帶回家以後，
只要一開始飼養的第一個禮拜安然無事的度過以後，
之後你就會漸漸習慣他的飼養管理。

　　六角恐龍長年被當作寵物來飼養的原因，大多是因為「六角恐龍是一種強健的兩棲類動物」。即使對於水族館飼養的新手來說都是一種很容易上手的寵物，所以他常被大多數人挑來當寵物養。在飼養的最開始階段，你只要確定你是否具有一套養殖金魚的設備跟環境，之後就可以很順利的養殖六角恐龍，並體驗飼養六角恐龍所帶來的樂趣。

　　對於初學者來說最容易上手的方式就是，買一套金魚飼養用品，裝水後打開過濾器，隔天就可以把六角恐龍放進去了。當然對於一些已經熟悉六角孔飼養的老手，根據經驗則是在購買飼育設備後，使用水質穩定的相關產品之後，隔天就可以開始飼養六角恐龍。在放入六角恐龍的時

[以]可愛的表情望相飼育者撒下的食
[物]的白體黑眼六角恐龍們。體長 5
[公]分

候要特別注意,運送過程中塑膠袋內的水溫跟魚缸裡的水溫不要落差太大。就水質而言,雖然 pH 值跟硬度是熱帶魚養殖重要因素,但是對六角恐龍來說,使用自來水其實是沒太大問題的。在一開始你把裝在塑膠袋內六角恐龍直接放在魚缸中,這個塑膠袋會浮在魚缸內,等一段時間待兩者之間的溫差消失後,再把塑膠袋打開,讓六角恐龍自行游或爬到魚缸內。

正常來說,六角恐龍到一個新的飼育環境的時候,一開始會靜靜的不動,之後才會在缸底慢慢移動。當他在缸底來回走動的時候,同時也會開始在缸底搜尋餌料,直至確保他在一個安全的環境為止。

關於 5 公分以下的幼體

從 5 公分以下的幼體開始養殖的時候,可能的話在入手以前先確定有準備好他所喜歡吃的豐年蝦的無節幼蟲。雖然在一開始飼養的前幾天不餵食,這些幼體也不會死亡,但是在多體繁殖的時候,他們有時候會因為飢餓去咬別人的外鰓跟尾巴。為了避免這個情況發生,早一點開始給予他們餌料會比較好。跟養金魚、青鱂魚的時候一樣,在餵食上保持著「餵食的量以不要有剩下吃不完的狀

況為準」。對於體長小於 5 公分的六角恐龍來說，不論是餵食豐年蝦的無節幼蟲或是顫蚓（常稱為絲蚯蚓），這些沉底性的餌料，在餵食上大致上是 6 小時餵一次。同時在清除缸中殘餘餌料上也要積極一點，這樣就不用太常換水。同時，也可以透過觀察腹部有沒有漲起以及口中有沒有餌料，來評估餌料的給予是否充足。

另外，在繁殖成功的狀況下，一次會產下數百隻幼體，在這個時候，導致幼體死亡的主要原因，通常是因為餌料不夠充分，所以準備好充分的豐年蝦無節幼蟲是一件相當重要的事情。

關於 6 公分以上的幼體

6 公分以上的六角恐龍，在飼養的難易度上來說，是最容易上手的一個尺寸。這個體型的六角恐龍的手腳已經可以自在的使用，在餌料的給予上也不必要再餵食豐年蝦無節幼蟲，因為他們已經可以開始吃絲蚯蚓或冷凍紅蟲一類的餌料。由於絲蚯蚓是一種活的餌料，所以會一直扭動來吸引六角恐龍產生吃他的反射，相對的如果六角恐龍還不習慣的話，他就不會去吃冷凍紅蟲餌料。但是當六角恐龍飢餓的時候，他就會開始在缸底尋找食餌，這時候沉水的紅蟲飼料就有機會被六角恐龍自然地吃下肚。通常冷凍紅蟲餌料在市面上，大多都是以 15×12 公分的板狀餌料進行販售，在投餵的時候，你可以很輕易的將它掰成 1.5 公分大小的正方形來餵食。為了要徹底餵飽六角恐龍，在缸內常常會有一些殘存的餌料，即使在餌料適應的時候，也常常用小網子清除殘餘的餌料，並常常換水，保持水質的乾淨穩定。

如果今天是用人工餌料在進行餵食的時候，相較於天然餌料，飼育者必須要付出更多的耐心。最近六角恐龍專用的人工餌料也在市面上開始販售，像是底棲肉食魚專用飼料或是含有麴菌的金魚專用飼料一類的，都有出適合六角恐龍吃的丸型或是碎塊型飼料。一開始六角恐龍看到這些人工飼料的時候，大概連續好幾天都不會去吃。這時候可以嘗試著把這些人工飼料跟活紅蟲混合後投餵，或是在他鼻子前端一顆一顆地投下，透過反射的方式讓他主動攝食的方式來讓他們慢慢適應。

在鋪有底砂的水槽中飼養 5 公分大
小的六角恐龍的時候，可以用比較
淺的培養皿裝入絲蚯蚓來訓練他們
習慣這種餌料

如果多頭養的時候，常常會遇到「在同一缸中體型大小落差」的問題。對人來說 5 公分跟 7 公分大的個體感覺好像差異不大，但是這 2 公分的差異就大到足夠誘發互喰現象。5 公分以下的幼體在互喰的時候，大致上可能就咬咬四肢或外鰓的程度。但是當大小差到兩公分的個體面對面的時候，大的個體可能就會直接把小的個體吞下肚了。所以有時候就會出現，「出門前，就還明明看到缸內有兩隻，怎麼回到家以後，缸子裡面只剩下一隻……」這一類的悲劇發生。因此建議，當缸內養殖的時候，當個體體型大小差異到 1 公分以上的時候，還是把他們分缸飼養比較安全。

關於 10 公分以上的年輕個體

當個體長到 10 公分以上的時候，他們就會開始嘗試食用各種食物。在飼養這種大小的個體的時候，首先要考慮的是飼養空間而不是餌料類別了。如果只是單體飼養的時候，30 公分大的魚缸一開始還夠大，但是養了半年以後，體長會長到 20 公分左右，最終還是要換到 45 公分

或是 60 公分的魚缸會比較合適。所以，如果考慮的長遠一點，可能一開始就準備比較寬闊的飼養環境會比較好。

　　另外，有時候看到市面上販售的 10 公分以上的個體通常會因為商家在餌料上給予的不夠充分，所以很不幸的多數體形上看起來比較瘦弱。有些外表上看起來就非常糟，常常有個體的外鰓會萎縮，甚至有鰓絲脫落的狀況。在選購上，盡量不要挑這樣的個體，但是真的沒有選擇的話，買回去以後，要趕快把他養在水質與水循環都良好的環境中，然後給予他充足的養分，這樣的話他就會慢慢的回復了。通常在水溫 20℃的環境下，脫落的鰓絲會慢慢的長回來，因此買回家後，可以在幫他好好的調養身體一番。

關於 20 公分以上的成年個體

　　這種大小的六角恐龍在市面上真的很難買到，但是有時候有些賣家會從實體店面買到後，放在網路拍上出售。但是很少人會嘗試會從這個尺寸開始飼養，會買這種尺寸的人大多都是以繁殖育種為目的進行購買。

　　這種尺寸的六角恐龍，外鰓大致上不會再長得更大，也因為已經發育成熟，所以也不像幼體的時候有那麼好的再生能力。20 公分以上的個體已經開始不再依賴外鰓來呼吸，大多數的時候會游到水面，然後用口吞氣來呼吸。這也是成體的外鰓是幼體的一半，卻仍然可以活著的主要原因。這個大小的個體對於酷暑的耐性也比較好（但是，還是需要做好水溫控管的狀態），所以在買入後基本上不

白體黑眼六角恐龍。12
公分大小。擁有堅挺的
外鰓是他的魅力所在

94

大理石紋六角恐龍的幼體。這個時期
要在避免互喰上多下點功夫

會有任何意外會立即發生。在餵食上，大致上每隔二到三
天餵食一次也不會產生任何的問題。

與其他的水生動物一起混養的時候

有很多人會考慮把六角恐龍與其他的水生動物一起
混養。但是在六角恐龍的養殖上，基本上在同一缸內只會
養六角恐龍一種動物，這是因為六角恐龍會把所有可以
塞入口中大小的魚類與水生動物都當作食餌吞下去。即
使你試著想要養一些大和沼蝦一類的淡水蝦來清潔魚缸，
這些蝦還是會被六角恐龍吃下肚。另外青鱂魚一類的小型
魚類，對於六角恐龍來說也是很好的食餌。有時候可能會
想，那比六角恐龍還要大的魚或許能混養在一起吧？有時
候會抱持著，這些比較大的魚應該有機會可以跟六角恐龍
一起生活，觀賞魚應該可以在缸內悠遊的游來游去，又不
會彼此互相傷害，這樣一派和樂的感覺很好。但是，沒用
的，因為不論比六角恐龍大多少的魚，在他游過六角恐龍
的口邊，六角恐龍就會嘗試性的將它們放入口中，因此完
全不能保證他們能在魚缸內悠遊的共存。所以啊，想來想
去還是，「把相同大小的六角恐龍們混養在一起」，這種
混養模式還是比較恰當。

日常管理的方法

六角恐龍再怎麼說也是活著的動物，
因此在一開始飼養的時候，抱持著總是保持最佳管理的心態，
才是唯一能維持他良好健康狀態的唯一法則。

一開始飼養的時候就將所有的飼養設備備齊，你就可以非常輕鬆的享受六角恐龍成長所帶來的樂趣，在隔年的時候，如果你同時擁有雌雄個體，你甚至還有嘗試在魚缸裡配種的可能性。我認為，在不忽略日常管理的情況下，你可以好好的享受飼養健康個體所帶來的樂趣。

六角恐龍在日常的管理上，就跟之前一再強調的一樣，那就是換水了。身為大胃王的六角恐龍，理所當然的會產生很多的排泄物、脫落的皮屑黏液以及殘餌等，因此充分的給予高蛋白質的餌料與定期的換水是不可或缺的日常工作。基本上，用中和過的自來水來換水，在飼養上並不會帶來任何的問題。在換水的頻率上，會比飼養普通

白體黑眼六角恐龍。這種可愛的姿
態是在適切的日常管理之下長大才
會有的

熱帶魚來的高，但這也是在六角恐龍飼育上的小秘訣。即使過濾器正常運作的狀況下，每週定期定量的換水，保持魚缸內的水質良好是避不了的日常工作。實際上，就算是換水頻率不高的環境，六角恐龍一樣有良好的耐受性。只要魚缸內的水不是明顯肉眼看就覺得髒的狀態，只要在打氣設備與過濾設備有正常運作的狀態下，六角恐龍都能正常的生活著。但是，當水開始變髒的時候，六角恐龍的攝食量就會開始下降，外鰓與鰓絲就會開始萎縮脫落。當六角恐龍開始感到有生存的危險的時候，對餌料的攝食量就會開始下降，畢竟與食慾相比，他會直覺上選擇提高自己的耐受性。因此，絕對不要抱有「他還活著，所以還不用換水」的心態。

換水的方法很簡單，只要將魚缸內的水倒掉 1/2 到 2/3，然後在自來水中加入像是除氯氨一類的水質穩定劑

並且調和水溫之間的落差後，直接加入魚缸就可以，不用擔心會產生什麼問題。要根據飼養的尾數以及魚缸的水量，每天觀察餌料的食用情況，並不是一定要特定的換水頻率，相對的在飼養六角恐龍上，隨機應變的換水才是最重要的。

換水的同時，過濾器的清潔也是定期要進行的項目。過濾掉排泄物與生長時產生的代謝廢物等，物理性與生物性的廢物過濾，保持飼育水的乾淨，是過濾器最主要的功能。但是，當過濾器太髒的時候，相對的他的功效就會越來越差。

過濾系統的機轉

「過濾」主要指的就是水中有害與無害的物質分離出來，吃不完的餌料、排泄物、水草枯葉分解後溶解出來的阿摩尼亞（氨），透過濾過型細菌的活動，將氨以硝酸鹽形式進行置換。濾過型細菌主要有兩大種類，包含把氨置換成亞硝酸鹽的去氨硝化菌（如 Nitrospira 屬的細菌）以及把亞硝酸鹽置換成無害的硝酸鹽的去亞硝酸硝化菌（如 Nitrobacter 屬的細菌）。這兩類細菌的棲息場所主要是在過濾器的濾材中，像是底砂跟濾棉、以及其他專用的人工濾材表面，吸收氧氣並進行過濾作用。

這些好氧性細菌，都是需要在有氧氣的環境下才會產生作用，所以污水在氧濃度充足的狀況下，進入過濾器的時候，這些濾過型細菌就會開始工作。如果過濾器內部太髒，濾材內部沒有足夠的空隙，那過濾型細菌就會因為缺氧而無法正常工作。因此，定期清潔過濾器是至關重要的一件事。過濾器的清潔與內部濾材的更換可以跟換水同時進行，大致上每個月換一次，並清潔過濾器內部吸附的廢物與髒污。最近非常普及的外掛式過濾器，有專用的人工濾材可供更換，同時管材以及用來吸水的扇葉也不要忘記用棉花棒或是衛生紙清潔乾淨。

養六角恐龍的女性玩家也很多，當中很多人也沒有任何熱帶魚養殖的經驗。所以很多人在換水的時候，常常會忘記清潔過濾器。但是，六角恐龍畢竟比較合適活在乾淨的水質當中，在換水的時候最好同時清潔過濾器，不然

髒髒的過濾器也是會破壞飼育水的水質平衡。在一開始飼養的時候，建議先進行一次換比較少的水量，然後增加換水的頻率的方式，來逐漸習慣與建立這樣換水的模式。

在有鋪設底砂的飼育場合中，也要記得要用手來攪拌這些底砂，這樣有助於加速排出污水。一開始用手在攪動這些底砂的時候，會有很多含有老舊廢物的褐色污水流出。但這些褐色的污水並不建議一次完把它倒乾淨，因為在這些褐色的污水中含有濾過型細菌。相對的，只要多換幾次水，然後讓水逐漸變得透明就可以了。

本來六角恐龍的外鰓的會因為有毛細血管通過，鰓絲會呈現紅色，但是如果換水晚了，過一陣子就會鰓絲就會發白然後脫落。另外，當水溫超過 26~28℃ 的時候，這樣的症狀也會出現。出現這樣的症狀，如果不更小心的多加照料，即使是強健的六角恐龍，也會因病而亡。換水這一件事情隨著經驗的取得，大多數的玩家都會越來越熟練，對所有的水生生物的養殖來說這都是最重要的一件事。

經過一段時間後，會發現玻璃缸面會開始長青苔。同樣的，在每次換水的時候，也不樣忘記利用玻璃清潔用具清潔你的缸面。

曝氣設備

在六角恐龍的飼育上來說，使用曝氣設備是很重要的一環。特別是六月到九月下旬的這段時間內，空氣中的濕度會增加，同樣的水溫也會越來越高，水溫會越來越接近六角恐龍的容許上限 --29℃。在這樣的時候，維持空氣的循環就變得很重要了。當打開曝氣設備的時候，水面會被激起很多的波浪，這時候水中的溶氧量就會上升，同時也會有助於水中廢物的分解。

在裸缸養殖的時候，曝氣設備的使用會導致水流的產生，因此六角恐龍有可能會因為水流而無法持續待在一個定點。在這個時候，可以把打氣量降低一半，然後利用橡膠吸盤將發泡石固定在水體中層，打發泡石從水底移動到大致上距離水面 7~8 公分的位置。另外，為了降低水

流的衝擊，也可以在缸內放置一些水草盆栽，這樣的效果也非常不錯。

曝氣設備在養殖上其實很重要的，「因為他會造成水面的波動」。當水面有這些波動的時候，水中溶氧量就會上升，所以在缸中放置曝氣設備也是非常重要的一件事。

夏天與冬天

在六角恐龍的養殖上，水溫是非常重要的一點。但是，夏天對六角恐龍的養殖來說則是非常不適合的，就像之前所說的，六角恐龍最合適的環境水溫必須要保持在 25℃以下，最好是 20℃左右。當水溫超過 30℃的時候，就必須要依靠頻繁的換水來維持，這在養殖上來說是很惱人的。最近市面上也出現越來越多適用於小型的冷卻器在販售。對飼養六角恐龍的玩家來說，有可能的話還是買一個來用吧。

相對的，冬天很多人都會認為「溫度那麼低，六角恐龍可能會凍死」。事實上，六角恐龍的原生地，墨西哥的霍奇米爾科湖是在高原上，冬天的時候，氣溫常常在 5℃以下，所以如果是在室內進行養殖的時候，有可能是不需要設置保溫設備的。在之前育種的章節裡有提到，六角恐龍的繁殖必須先經過一段 10℃以下水溫的刺激（稱之為冬化期）。在有打算繁殖的狀況下，保溫就不是這個飼育時間點上所必須面對的問題，基本上，六角恐龍是屬於需要經過一段活動低落時期才會開始繁殖的兩棲類動物。在冬天這個比較寒冷的時間過後，如果餌料供給正常，幾個月後就會開始交配繁殖。相對的，如果一年四季都保持在同一個溫度，然後餌料不間斷的供給，這樣持續養十年以後，六角恐龍就有可能會變得過胖。這樣甚至有可能會造成一些內臟器官上的問題。所以在 12 月 ~2 月時間，希望你能讓你的六角恐龍有一段節食休息的時間。

游泳中的黑色六角恐龍

日常檢查與照料，有助於維持六角恐龍的健康

　　因為六角恐龍是活著的動物，所以養成每日檢查的習慣是很重要的，不論是皮膚外觀、外鰓、鰓絲、前後肢、進食的餌料量、如果可能的話，甚至可以觀察一下排便的狀況。如果你發現有與平常相差甚遠的狀況或是外觀，要從原因與症狀的角度進行考量與判斷，並在越短的時間內採取相對應的應對措施。在你每天餵食的時候，你可以觀察下列這些狀況，「外鰓上鰓絲的狀況是否良好？」、「體色是否與平常一樣？」、「手腳是否有出現缺損？」、「攝食的量是否與平常一樣。」、或是「排便的時候大便的外觀是否有異常的感覺？」一類的問題。如果六角恐龍在身體上有任何不是的話，他就會向飼育者發出上述這些訊號。這些是六角恐龍向你發出的 SOS 信號，身為飼養者有義務要提早發現並謹慎處理這些異狀。

餌料的種類與給予的方式

除了最喜歡的活紅蟲以外，
六角恐龍喜歡的餌料有很多種，
在投餌的時候，要注意營養的均衡性喔～

　　六角恐龍是以肉食性為主的雜食性兩棲類動物。通常建議餵食的時候，以優質動物性的餌料為主，額外再添加一些植物性餌料來確保營養的均衡性。餌料的種類大致上分為活餌、冷凍餌料跟乾燥餌料三種。

　　六角恐龍在孵化的時候，主要的餌料以豐年蝦無節幼蟲為主，在逐漸成熟之後，依次給予絲蚯蚓，然後是紅蟲，依照這樣的順序在不同生長環節給予不同的餌料，這樣的方式比較容易確保他的成長。豐年蝦無節幼蟲的投餵時期，大約是 2~3 週之間。在投餵的時候，跟在養熱帶魚的幼魚一樣，每天早晚都必須要為充足量的豐年蝦的無節幼蟲。如果沒辦法的話，也是可以嘗試餵食冷凍的豐年

活紅蟲

冷凍紅蟲塊為市場最易取得的餌料之一，缺點就是細菌過多、殘餌問題嚴重，常會汙染缸內水質

豐年蝦

Photo / 蔣孝明 Nathan Chiang

蝦無節幼蟲，但是就食性的偏好跟促進生長的程度來說，大概沒有比餵食剛孵化的豐年蝦無節幼蟲更好的餌料了。

豐年蝦是一種甲殼類生物，跟蝦子與螃蟹在親緣關係上非常接近，在分類上，屬於甲殼亞門鰓足綱動物，在日本有純淡水棲息的有仙女蝦跟恐龍蝦一類的，在廣義上來說跟水蚤屬於同一類，在食用魚類的養殖場中，常用來當作初期餌料使用。自古以來，對於熱帶魚養殖的人來說，也是針對幼魚常使用的初期餌料。

豐年蝦，也有人稱之為滷蟲（學名為 *Artemia franciscana*），主要棲息於鹹水湖中，像是美國的大鹽湖，舊金山灣區以及中國各地的鹽水湖中都有它的蹤跡。通常在陸地上的鹹水湖的鹽度會比海水高。海水的鹽度大約為3.5%，但是大鹽湖中，有豐年蝦棲息的鹹水湖，儘管依據季節與位置的不同，但其鹽度仍在 8~25% 之間。因為這些鹹水湖的鹽度很高，所以阻礙了魚類棲息的可能性，這也導致在這些鹹水湖中，豐年蝦為主要的優勢物種。

在豐年蝦孵化的時候，最好使用鹽度在 2~4% 的鹽水溶液。不論是用食鹽或海鹽都可以用來孵化，當然能用水族用品店所販售的人造海水來孵化效果會更好。不論是寶特瓶或是用來釀梅酒的玻璃罐，只要是可以打氣的容器幾乎都可以用來孵化豐年蝦，當然，你也可使用專門

又來孵化豐年蝦的孵化器。對豐年蝦而言，最重要的就屬 25~27℃ 的水溫以及用強力的曝氣設備打氣攪拌的鹽水了。對豐年蝦來說，它具有一種機制，那就是在生存環境變得惡劣的時候產下耐受性高的卵，直到環境條件改善後，卵才會孵化。對這樣樣耐受性高的卵來說，強烈攪動的鹽水對他來說就是孵化的主要刺激因素。打氣的強度，主要是指將豐年蝦卵蓬鬆的打散、不沉積在底部為基準。相對的，光線的強度也是孵化的刺激因素之一，在明亮的環境中卵孵化的程度會比在黑暗的環境中好。對豐年蝦卵來說，在鹽水中大約需要 18~20 小時後就會孵化。有時候會因為水溫、鹽度以及光照等條件的改變，大約要等到 25 個小時以後才會孵化。

孵化後的豐年蝦卵會進入到無節幼蟲其，大小在 0.08~1.0 公釐左右，很快地他就會開始蛻皮並快速的成長。由於孵化很快就開始蛻皮成長，所以在使用上要特別注意。孵化時使用的鹽水可以用水跟食鹽或是人工海水素來進行調配，豐年蝦孵化後是不需要投入餌料來餵養。從卵孵化後的無節幼蟲在孵化後，會用本身具有的養分來

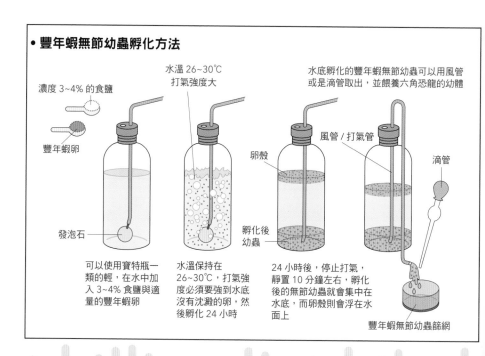

• 豐年蝦無節幼蟲孵化方法

水溫 26~30℃
打氣強度大

水底孵化的豐年蝦無節幼蟲可以用風管或是滴管取出，並餵養六角恐龍的幼體

濃度 3~4% 的食鹽

豐年蝦卵

風管 / 打氣管

卵殼

滴管

孵化後幼蟲

發泡石

可以使用寶特瓶一類的輕，在水中加入 3~4% 食鹽與適量的豐年蝦卵

水溫保持在 26~30℃，打氣強度必須要強到水底沒有沈澱的，然後孵化 24 小時

24 小時後，停止打氣，靜置 10 分鐘左右，孵化後的無節幼蟲就集中在水底，而卵殼則會浮在水面上

豐年蝦無節幼蟲篩網

用於豐年蝦無節幼蟲
投餵的滴管

豐年蝦卵孵化器

觀賞魚水族館長
販賣的豐年蝦卵

罐裝的豐年蝦卵

進行蛻皮成長，因此蛻皮後的幼蟲的營養價值會比較低。還有就是，不要抱持著「反正還活著，沒關係啦～」的態度，孵化後的豐年蝦在投餌前，也要換裝倒裝有少量乾淨鹽水的容器中，如果沒用完也要趕快放到冰箱中冷藏保存起來。

活的豐年蝦無節幼蟲對六角恐龍的幼體來說是非常優良的餌料。但是在六角恐龍的繁殖期，野外池塘或是水田的水溫還很低，他們很難可以吃到活的豐年蝦無節幼蟲。但是，水蚤在淡水的環境中幾乎四季都有，對六角恐龍的幼體來說，是野外能獲得的最佳餌料。在經常寒冷的養殖環境中，培養大水蚤也是種不錯的選擇。

對於 2 公分大的幼體來說，添加一些活的絲蚯蚓來投餵，可以增加幼體的生長速度。但是，近來有販賣活的絲蚯蚓的商家越來越少，但對在六角恐龍幼體養殖時期，找到有在賣絲蚯蚓的商家是一件非常重要的事。因為絲蚯蚓常常會糾結形成小塊狀，在餵食的時候，可以用滴管吸起這些小塊，然後一點一點的投餵給六角恐龍的幼體。對於那些一開始只吃豐年蝦無節幼蟲的幼體來說，投餵絲蚯蚓的時候，他們直接把它下肚。投餵絲蚯蚓後，這些幼體的生長速度也會開始飆快。在投餵絲蚯蚓的時候，也可以試將絲蚯蚓放在一公分深的培養皿中，然後置於水底，讓六角恐龍的幼體自由的取食，當然也建議大家可以自己嘗試各式各樣投餵的方法喔。

當六角恐龍出現外鰓可以完全伸展的姿態的時候，就到了他可以開始吃紅蟲的階段了。紅蟲也是六角恐龍偏愛的餌料之一，當然它也會加快六角恐龍的生長速度。雖然活的紅蟲是六角恐龍最偏愛的選項，但是近年來活的紅蟲也越來越難以買到，六角恐龍們也離他們這一種最愛的餌料越來越遠了。

　　目前取而代之的是越來越常見的中國產的冷凍紅蟲。這種餌料被做成塊狀，當你要用這種餌料來為六角恐龍的時候，可以掰成一小塊一小塊的來投餵。對於體長小於 6 公分，但是前後肢已經長齊的個體來說，10 隻個體大概投餵 1.5×1.5 公分大小的份量就足夠。相對的，對 10~15 公分的個體來說，一隻就要給 1.5×1.5 公分大小的份量。投餵的頻率大約是一天一次。

　　對六角恐龍來說，相比不會動的人工飼料，他們更偏愛會動的活餌。近來有許多標榜著「六角恐龍的主食」或是「六角恐龍超級愛」一類的專用飼料或是底棲肉食魚用、金魚用、鯉魚用或是鱒魚用的沉水性飼料，由於在營養調配上都非常均衡，所以也是非常適合投餵的餌料選擇。對於一開始就用紅蟲餵養的個體來說，一開始餵食人

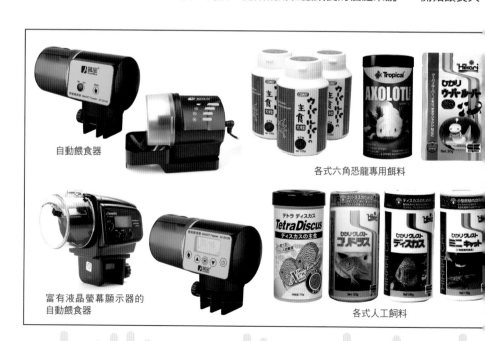

自動餵食器

各式六角恐龍專用餌料

富有液晶螢幕顯示器的
自動餵食器

各式人工飼料

正在吃冷凍紅蟲的大理石紋六角恐龍幼體

各式含有麴菌的金魚飼料

冷凍乾燥飼料

工飼料的時候，他可能會馬上地把飼料吐出來，但是當你有耐心的持續餵下去的時候，他總有一天會開始習慣人工飼料的。為了加快他對人工飼料的適應，可以嘗試著將少量的冷凍紅蟲跟人工飼料混合後投餵，這樣會加速他們的進食速度。當六角恐龍開始習慣人工飼料以後，你就可以利用自動餵食器來每天定時的投餵你的六角恐龍。

其他活餌的部分，也可以嘗試用青鱂魚、餌料用金魚、蚯蚓或是蝌蚪一類的來進行投餵。成體的六角恐龍，開始可以捕捉移動迅速的獵物來吃，所以對那些要拿來繁殖配種的成體，可以試著餵一些營養價值高且均衡的餌料。

冷凍餌料的部分，像是冷凍魚肉泥排或是冷凍蝦來投餵。肉舖賣的豬肝也可以試著用來餵食六角恐龍。由於你買到的豬肝，大多都是冷凍的，所以在投餵的時候，要切成 10 公釐大小的塊狀，這樣對六角恐龍來說也是比較好入口的。對於那些要產卵的雌性成體來說，還是要餵食一些高營養價值的餌料會有比較好的效果。

就餵食的頻率來說，因為六角恐龍都是大胃王，所以基本上他們都需要大量的餵食才會滿足。在投餵人工飼料的時候要特別注意，有一些吃不完的粉末會在魚缸中飄浮著，這些粉末會造成水質的急速惡化。另外，如果你投餵的是冷凍紅蟲，這些吃不完的紅蟲，會滋生大量的水生真菌，這時候水質惡化的速度將會遠超你的想像。為了要保持適合六角恐龍生活的水質，你必須要積極地清除殘餌並經常換水才行。

　　在強健又可愛的六角恐龍的飼養上有一個很重要，我們也一直強調的重點，那就是務必要做好水質管理。為了避免水質惡化，有時候有些人會試著減少餵食的量，但是為了讓你的六角恐龍可以養的健康又豐滿，最好的方式還是充分的餵食並經常換水。但相對來說，餵歸餵，但也不要餵到他發胖。實際上來說，在飼養六角恐龍的時候，基本上還是希望你能參考本書，按照本書中的建議來調整比例來飼養。通常來說，一天餵食 1~2 次，夏天水溫比較高的時期，在沒有使用空調或是冷卻設備的時候，因為有水質惡化的考量，所以建議改為一周餵食 2~3 次左右會比較好。

　　六角恐龍基本上不吃東西的情況非常少，如果六角恐龍開始不進食，那就要考慮是不是水質過度惡化，抑或是水溫過高，這些攸關六角恐龍生命安全的問題發生。這時候最好的應對方針就是馬上換水。六角恐龍雖然在一個禮拜以上都不進食也不會有任何的問題。但是看到過於瘦

青鱂魚。一些小魚可以用來當作六角恐龍的活餌。青鱂魚是在水族館裡面比較便宜的魚種，每次可以以100 隻為單位購買。在投餵前，可以先用 0.5% 的食鹽水先做檢疫。對六角恐龍來說是健康又具有高營養價值的餌料

絲蚯蚓是六角恐龍係愛的餌料之一。特別是針對用豐
年蝦無節幼蟲為大的幼體來說，是很重要的下一階段
的食餌

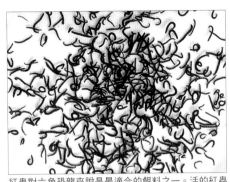

紅蟲對六角恐龍來說是最適合的餌料之一。活的紅蟲
是非常好的餌料，但是近年來很難買到，這時候可以
用冷凍紅蟲來代替

弱的身形，在兩棲類身上就會感覺到他一直在忍耐著的感覺。雖然在六角恐龍飼育法的網站上會看到「一個禮拜餵食 1~2 次就足夠」的寫法，但是在飼育上來說，這跟他們的生活習慣有一定的落差。相對的總是在餓肚子的六角恐龍，六角恐龍在養殖上就應該讓他們能天天吃飽，然後豐滿健康的樣子才是他更適合的可愛模樣。

但是，健康豐滿的體型與肥胖的體型當然是不一樣的。有時候因為人工飼料在餵養上比較方便，然後就一直餵一直餵，最後，六角恐龍就有可能因為吃太多而變胖，一年以後，這樣的個體有可能會出現腎臟或是肝臟方面的問題。在人工飼料的投餵上，基本上大致每天給超過 10 粒的時候，那你的六角恐龍一定會發胖的。畢竟，六角恐龍會反射性地吃掉任何掉在嘴邊的東西，因為他對吃有非常強烈的好奇心，所以一定要避免他暴飲暴食。相對的，單一餌料的持續性投餵往往會造成營養攝取的不均衡，這同樣會對於健康造成危害。在餌料搭配的安排上，可以考慮「兩種或是兩種以上的餌料投餵，有時候提供不同種類的人工飼料進行替換」為主要準則。當然，對於以人工飼料為主的飼育者來說，為了保持六角恐龍的健康，每個月也要試著餵食 3~4 次的冷凍紅蟲。在餵食上，要牢記本書中六角恐龍的外觀，並嘗試往這些標準體型來飼養。

六角恐龍的繁殖

在初春的時候，當水溫逐漸變暖，
就開始可以迎來六角恐龍的繁殖期。
務必要挑戰一下六角恐龍的繁殖看看喔！

　　大多數人容易買到六角恐龍的時間是在每年四月到
夏季之間。這時候剛出生 2~3 個月的幼體會開始成長到
10 公分左右，這個尺寸同時也是最容易養的一個大小。
10 公分大小的個體，每天會一直吃著餌料，然後撐過炎
熱的夏天以後，到秋天就會長成一個近 20 公分長的個體。
在充分管理好水質以及注重餌料營養的平衡之下，這隻六
角恐龍就會好好的長大。在這時候，你會發現你養大的個
體在泄殖孔附近，你會發現有些個體後肢後方會有一個膨
大的凸起，而有些個體則沒有。六角恐龍是個一年就成熟
的兩棲類動物，而具有膨大突起的個體為雄性，沒有膨大
突起的為雌性。如果自己養殖的個體中，同時具有雄性個
體與雌性個體的時候，在冬天水溫在 5~10℃的環境下，

分開水蘊草在找尋合適的產卵床的
雌性個體。這次產卵的時候，有兩
隻雌性個體在同時開始產卵

將體驗過那寒冷的感覺。這種寒冷時期的體驗對六角恐龍來說，是誘發繁殖的重要刺激。對蟲類或是兩棲類動物來說，這種寒冷時期的體驗稱之為冬化。對於那些在室內使用保溫設備，終年都在 15~20℃ 生長的成體來說，由於沒有經過冬化的刺激，就算已經性成熟通常也不會產卵。冬化的期間大致上與冬季時間差不多，從 11 月到隔年 2 月間，大約 2~3 個月的低溫刺激是相當重要的。在這之後，隨著春天的到來，水溫逐漸變暖，在冬化期間一直少吃東西的成體，終於準備好迎接交配產卵的時刻了。

產卵的時候，成熟的雌性的存在會刺激雄性進入到發情期，並向雌性開始產生求偶行為，然後將包有精子的小包（也就是精包）貼附在底石的表面。這時候在隆起的泄殖孔中會伸出一個紅色的生殖器，把精包黏附在底石上後開始摩擦，並積極表現出戳刺雌性腹部的動作。這時候，雌性個體就會透過泄殖孔將精包攝入體內，進行體內射精。而這是這種兩棲動物的體內受精的歷程。在第二天，涉入精包的雌性會開始準備產卵，大約 3 天以後就會準備產卵。在產卵期將近的時候，雌性將會開始合適產卵的

地方，找到合適產卵的基質後，會用後腿牢牢地抓住，並連續產卵，總共大約會產下 200~500 顆卵。當他們到達合適產卵的場所產卵後，他們會稍作休息，才開始找其他合適卵的場所。整個產卵的時程大約會花到 5~6 個小時。在海外的紀錄中，一次產下的卵大致上介於 300~1100 顆卵，但實際上很少有個體會一次產下超過 1000 顆卵。對那些在整個飼養上都非常順利，沒有遇到任何困難的讀者們，強烈建議你們可以利用自己的魚缸來體驗繁殖所帶來的樂趣。

六角恐龍的公母

在飼養六角恐龍，順利養大到成熟以後，自然而然會有「要不要來嘗試看看繁殖」的想法。因為六角恐龍在人工飼養的歷史非常的悠久，所以同時關於他也是一種已經確定繁殖方法的兩棲動物。

個體在 10 公分以下的大小，是很難辨別其公母的，大致上要等到體長超過 20 公分，可以看到泄殖孔以後，才比較容易辨別其公母。在後肢以後的泄殖孔有明顯突起的是雄性個體，而沒有突起的則是雌性個體。對於那些已經習慣辨別方式的人來說，不需要把他拿出來，甚至可以從上方看出泄殖孔的突起，來辨別其公母。儘管可能要依據一年中特定的時間來辨別公母個體，但是只要足夠成熟以後，隨時也能輕鬆地進行性別的鑑定。

雄性的泄殖孔。與雌性相比，在基部有明顯的膨大，很容易辨別

雌性的泄殖孔。沒有像雄性一樣有明顯的膨大。之後跟雄性相比，腹部會有明顯膨大

後肢抓住水草後，才開始產卵。合適的產卵床大多會選擇像水蘊草一類的強健水草

從泄殖孔會產出一連串包有透明膠質的卵。受精的時候，雌性會將精包攝入體內，受精成功率接近 100%

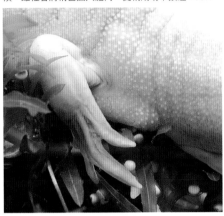

為了同時擁有雄性與雌性個體，在飼養一開始就必須同時飼養 4~5 隻個體。儘管六角恐龍的人氣非常高，但是在市面上很少出現成體的販售。這是因為當你養出一隻身形較大的雌性個體以後，即是在這現今線上拍賣發達的時候，你在初春的時候找到一隻身形與她相當的雄性也是件相當不容易的事情。

繁殖的準備

冬天，當水溫開始變低的時候，就是他們準備繁殖交配的時候。這時候雄性個體的泄殖孔會開時膨大突起，並且變得明顯，而且雄性個體的身形也會開始變得比較纖細。這與大多數的兩棲類動物相同，習慣的人甚至可以從上方就可以透過這些特徵辨別其公母。

之後，那些抱卵的的雌性個體的體重也會開始增加，身形也會變得比較豐腴，從外觀上，也可以看到她的腹部比較膨大。當然有些雌性個體體內的卵數比較少，大多是這些個體在冬化之前在餌料的攝取上不夠充分所造成。如果你有考慮繁殖六角恐龍的話，建議務必要充分提供營養價值比較高的餌料，將個體培養成以繁殖為考量的優良體態。

當你如果是用加熱器，並持續地將水溫保持一定的時候，那產卵就不會發生，因為他缺少了從秋天到冬天這段時

間室溫變化的刺激，這對誘發產卵來說是非常重要的。但是，不要讓水溫低於 5℃ 比較好，雖然 5℃ 以下甚至是把六角恐龍放在結冰的環境裡，他們也不會死，但是還是把他養在 6~10℃ 的環境中比較安全妥當。

六角恐龍的繁殖

　　六角恐龍的繁殖的時機大約是從冬天到春天。大約在 2~3 月間，大多數的個體會在這時期自然產生產卵的行為。從嚴冬到春天，水溫逐漸上升，這種溫度不安定的變化，是誘發產卵的主要刺激。從秋天開始，親代們將大量攝取富含營養的餌料，並把身體的狀態調整到最好。這時候雌性個體體內會開始生成卵，同時腹部也會變得鼓鼓圓圓的。至於產卵的部分，當雄性確定雌性個體已經成熟以後，他就會開始展現繁殖行為。大多數的兩棲類動物在繁殖行為中，大多都是由雄性將精包遞給雌性的模式，然後雌性個體再張開泄殖孔將精包攝入體內完成體內受精的形式。為了更有效規劃產卵的行為，在飼養的時候，建議將雄性個體與雌性個體分開飼養。在一開始的時候，先在繁殖用魚缸中放入一隻雌性個體，但預定繁殖日期的前幾日的時候，再放入雄性個體，這樣做會比較容易成功。因為在繁殖用魚缸中，雄性與雌性是分開飼養的，所以很容易辨別雄性個體是否有產出精包。在產卵的時候，雌性個體會用後肢緊緊的抓住水蘊草或是沉木。在產卵的模式上則是各式各樣都有，有的個體是一次產下大量的卵，有的則是會分次產下較少量的卵。

　　六角恐龍的人工誘發產卵行為方式也是非常有名的。當一對個體在魚缸中經歷過 5℃ 以上的水溫變化的刺激後，當水溫徐徐上升或是加入溫水一次性直接提高水溫，就可以刺激他們產卵。這種水溫的上升對於刺激雌性個體體內卵的完全成熟來說非常重要。所以在繁殖上來說，這樣的方法可以輕易的得到可以用來配種的親代。當水溫徐徐上升的時候，大約在水溫 12~18℃ 的時候，就會開始產卵，當然要比在 1~2 週間讓水溫徐徐上升還要簡單的方法也是有的。另外，白晝時間的長短變化，也會誘發產卵行為的產生。

　　六角恐龍的繁殖行為，大致在出生一年以後，體長超過 20 公分的成體上才會有可能發生。夏天超過 30℃

孵化的前幾天，還在卵裡面的六角
恐龍胚胎。六角恐龍新生兒的誕
生，是繁殖者的喜事

的溫度下飼養的時候，這對六角恐龍來說是一個非常艱難
的時期，但是如果能讓他們在裝有冷卻器的魚缸或是配有
空調的房間中度過的話，那他們將能很輕易地渡過夏天，
然後在秋天的時候再進行常溫養殖。如果是以繁殖為目的
的話，可以試著在室溫的狀況下，讓他們度過寒冬，畢竟
冬化的刺激是繁殖成功的捷徑。即使是在室溫飼養的狀況
下，大多數的個體在冬天水溫低於 10℃ 環境下，對於餌
料的攝取還是很正常的。常有人以繁殖為目的的時候，會
餵食像是豬肝一類高營養的餌料，但其實投餵人工飼料或
是冷凍紅蟲一類的營養就足夠讓他們成熟了。

　　作為親代使用的個體，在冬化的期間在餌料給予的時
候，活動力會比在水溫 15℃ 以上的環境中來得低。另外，
不同體色的六角恐龍在配種上也不容易遇到問題，因此在
冬化的時候，可以先將他們配對也是個不錯的選擇。關於
遺傳調控體色的部分，我們將在 124 頁「體色的遺傳」
的章節中進行描述。畢竟，獲得心中所想要的體色個體，
實際在產卵的時候所獲得所帶來的樂趣是無可取代的。尤
其是當你遇到因為突變而產生珍稀體色，也就是俗稱突變

色的異色個體，在繁殖成功以後，你再次得到的機會就會高很多。

常有人說「如果秋天的時候餌料吃得不夠多，在春初的時候卵就產的少」，有時候在 2~3 月間水溫還不穩定的時候，可以透過戶外養殖，來改善成體的健康狀況。在這種情況下，可以先將雄性留在戶外池中養殖，然後每週 2~3 次投餵餌料，每次不要給太多。如果是雌性個體漲得不夠大的時候，可以在室內利用保溫裝置將水溫維持在 20℃ 以上，然後不論是否有殘餌，以冷凍紅蟲為主，盡量的給予餌料讓她吃，這是非常重要的一點。這樣的話，雌性個體就會自然因為產卵期造成的感覺，開始積極的攝取餌料。雌性個體身體狀況的調節好以後，大約一週以後，再將水溫調降，之後再將雌雄個體置於繁殖用的魚缸中就可以。六角恐龍的繁殖季節大致上會持續到 6 月下旬。但是繁殖活動如果發生得太晚，這時候幼體孵化時的水溫有可能會超過 25℃，這時候的水溫會干擾卵裂，同時，水溫過高也容易造成幼體死亡，這一點務必要非常小心注意。

在經歷數個月的冬化以後，有使用加熱器或是恆溫器的魚缸水溫會上升至 15~20℃。當然，在數天之內，逐漸穩定的提高水溫是比較安全的。在較高水溫的環境下進行飼養一到兩週後，要將雌雄個體從隔離飼養用魚缸中移到產卵用的魚缸中進行交配產卵。因為產卵用的魚缸的水溫大致上是維持在 15~18℃，水溫大致上會比飼養用魚缸來的低。這時候，會因為水溫變化的刺激，雄性個體會開始產生追隨雌性個體腹部跟泄殖孔的行為，並在之後撒出精包，而雌性個體則會將精包撿起攝入。精包產出後，在確定雌性個體已經將精包撿起攝入後，再把雄性個體從繁殖用魚缸中拿出，然後養在 10℃ 以下的水溫中，並為下一次的交配產卵做準備。

當靠近產卵期的時候，雌性個體會在魚缸中忙碌的走來走去，變得很不安定。這是因為她要在水缸中決定合適的產卵地點。這時候建議能將比較堅韌且多葉像是水蘊草一類的水草，充分的放在繁殖缸中當作合適的產卵床。雌性個體相對於魚缸底部，更喜歡把卵產在中層水體的基質上，因此可以考慮在水缸中放置一些沉木當作合適的場

進入桑椹胚期的六角恐龍卵。
產卵後的幾天內，卵的上半部
會出現皺褶

所。另外，像穗蓴一類的水草，因為太過柔軟，所以盡量
避免使用。在本書的產卵場景中，我們大約將 15 株水蘊
草綁在一起，做了 4 束共 60 株，分別放在 60 公分魚缸
的 4 個不同的地方。產卵的時候，雌性個體會挑選水流
循環比較良好的地方產卵。產卵的時候，每次就產出一整
列相連的卵。產卵的時程大約會花上數個小時，一隻雌性
個體總共可以產下 300~500 顆卵。

卵會因為水溫的不同，孵化的時程則會有長有短，大
致上在水溫 24℃的環境下需要耗時 7~10 天，而在水溫
15℃的環境下則要耗時 18~20 天。你可以只取出卵然後
在不同的魚缸中讓他孵化，但是如果你在卵裂初期的時候
不去刺激跟干擾的時候，卵的孵化率通常會比較高一些。
所以，這時候比較建議，將親代取出，然後讓卵在原地孵
化，這樣大約一週以後，再將卵與水草一起取出轉移到別
的水池中會比較好。基本上，卵的受精率很高，產下的卵
在水質的管理上以及水流的維持上都要非常注意，因為要
維持水體中充足的溶氧量。孵化後，跟熱帶魚的幼魚的飼
養方針一樣。關於卵與幼體的飼養訊息，在下節內容終將
一一作說明。

六角恐龍的卵與成長

產下的卵，在經過連續幾日的卵裂後開始成長。
從水溫的維持開始，等待孵化，
並堅持下去養這些幼體吧～

在你入手六角恐龍後，飼養上安然無恙的渡過酷熱的夏天，在秋冬之際也經歷前章節所描述的冬化刺激以後，成對的成體在來年的春天就會產卵，這是非常容易上手就能獲得的經驗。六角恐龍在產卵的時候，一次會產下300~500 顆卵，這邊將集中描述產卵後的卵以及幼體方面的照料。

產卵後，建議將配種用的親代移出繁殖用的魚缸，僅留下卵就好。嘗試將卵取出的話，是非常困難的一件事，因為你很有可能刺激、干擾到那些還沒開始卵裂的卵。關於卵的部分，首先要讓他待在 18℃的水溫環境進行卵列，大概經過 5 天以後，在連同水草一起移置到孵化專用的魚缸會比較安全。

卵裡面的六角恐龍胚胎可以清楚的看到眼跟外鰓的部分

孵化的時程，在 24℃的水溫環境下需要 7~10 天，在 20℃的水溫環境下需要 14~17 天，在 15℃水溫環境下則需要 18~20 天。雖然水溫越高所需要孵化的天數就越短，但是務必要將卵維持在產卵時的水溫 5 天以上，在水溫提高的時候，每天最高也只能將水溫提高 1℃。這是因為在卵裂開始的那幾天裡，水溫如果劇烈飆升的時候，會造成很多卵裂異常的卵。水溫提高的時機，大致上從卵開始內陷的時候再開始提高比較好。

六角恐龍的卵跟青蛙的卵一樣，都屬於端黃卵類（卵黃比例比較高，並且卵黃會集中在卵的一側的種類），同時在卵裂的模式上，屬於不等全裂型卵裂。在卵裂的歷程中，會經歷 2 細胞期、4 細胞期與 8 細胞期各個階段。通常動物極細胞會位於上方，下方的細胞則被稱之為植物極跟青蛙卵不一樣，卵的下部會略帶白色。在卵的上端的細胞會不斷分裂，然後變得皺皺的，這時候則進入所謂的桑椹胚期。

這之後，會進入胚胞期，卵裂腔會集中在動物極那一側，卵裂腔下方的細胞會開始分化成內胚葉。這些狀態除非你很仔細觀察，不然你很難看到這些現象。在之後，你會看到這些細胞團也會出現很明顯的內陷，將卵裂腔與內胚葉分隔開，這種現象稱之為內陷。當你在卵中看到這個現象的時候，就可以考慮把卵從繁殖缸移至孵化缸中。這時候也是把水溫慢慢提高的好時機，提高的溫度以 24℃為上限。

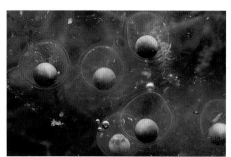
產卵後一天的卵。卵呈現圓形，產卵後，動物極的部分會是黑色，植物極的部分是白色

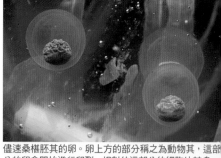
儘速桑椹胚其的卵。卵上方的部分稱之為動物其，這部分的卵會開始進行卵裂，相對的這部分的細胞比較多

接下來的型中會從球形開始向左右拉長，中央的部分開始往內陷

神經胚其的卵。卵的中央可以看見明顯的內陷

　　內陷的時候，是由外逐漸向卵的中心發展，在動物極的細胞會發育成外胚層，內陷的內側細胞會發育成內胚層，而兩者中間的部分則會發育成中胚層。之後胚胞從圓形開始變得細長，眼胞與尾芽也會逐漸發展，最後在卵裡面就會發育成一隻六角恐龍的幼體。這些外觀都可以在本書中所附的照片中可以看到。眼胞發育完成的時候，可以從卵外直接觀察到。接下來，六角恐龍獨有的外鰓，也會逐漸長出來。卵的發育逐漸在一步一步的進行著，盼望已久的孵化日也即將到來。

　　剛孵化的幼體大致上都是依靠卵黃囊裡的營養在過活，大約兩天內都不需要攝取餌料。從孵化後第三天開始，就要開始充分餵食豐年蝦無節幼蟲。如果這個時間點餌料給予不充分的話，就會出現互喰的情況。同樣的，如果在初期就缺少食物的話，那這樣的幼體也很容易變得虛弱。關於豐年蝦無節幼蟲的部分，可參閱之前的章節，「餌料的種類與給予的方式」，在當中有詳細的描述。孵化後果凍狀的卵殼可以用滴管小心地去除。

神經胚期的卵。卵的形狀會開始拉長，一端會形成頭，另一端會形成尾部

尾芽胚期。左上方的部分將發育成頭部，中央膨大的部分將發育成身體

尾芽胚期後期，頭部、尾部、以及外鰓的部分，開始發育成型

右下方的卵在卵裂的時期就死亡了。尾芽胚期開始，胚胎就會逐漸成具有幼體的外觀的模樣

　　孵化後的六角恐龍幼體，盡可能的養在底面寬闊的容器中，然後投餵足量的豐年蝦無節幼蟲並且讓這些餌料可以充分的分佈在水缸中，這樣的飼養方式就相當適當了。基本上在投餵豐年蝦無節幼蟲的時候一定要充分，辨別的方式很簡單，只要從側面觀察六角恐龍的幼體就可以知道他吃了多少餌料。因為當他吃下很多豐年蝦的無節幼蟲以後，腹部就會變成橘色的樣子。此外，在這個時候，外鰓是非常重要的呼吸器官，所以曝氣設備的架設是不可或缺的。但是曝氣的強度可以調弱一些，不然過強大的水流會把幼體沖的七葷八素，飄來飄去的。

　　務必要密切注意，不可以讓水質惡化。每天最好用滴管清除殘餌與排泄物，並且適度少量的換水，這樣才能做好水質的控管。每次換水的時候，大致上一次換不超過總水量的1/2，如果可以的話，最好缸內隨時都可以有豐年蝦的無節幼蟲供幼體隨時取用，這樣他才能早日長大。

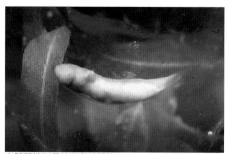

身體開始延長的卵內幼體胚胎

體延長的準備孵化的幼體，眼睛的外觀越來越清楚

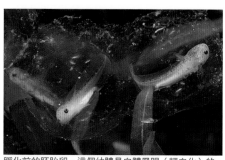

孵化前的胚胎卵。這個幼體是白體黑眼（輕白化）的

孵化後的幼體。有時候這些幼體會突然開始游泳，但大多數的時候，他們很少運動

幼體吃下豐年蝦的無節幼蟲以後，腹部會帶有很明顯的橘色調

當六角恐龍的幼體體長超過 2 公分的時候，他的手就會開始長出來。在這個時期，可以餵食活的絲蚯蚓、水蚤或是小型紅蟲。這時候也可以拿豐年蝦無節幼蟲與其他餌料混合餵食或是交替餵食，這樣在飼養上也會變得比較容易。但是要注意，如果這時候投餵不足的話，很快就會出現互喰的現象，所以在飼養上在飼養空間以及餌料給予上務必要十分充足，這一點非常重要。當然在飼養的時候，如果有特別重要的異色個體也可以把他移到布丁杯中單獨飼養，這樣也是一個不錯的方法。

大理石紋與白體黑眼（輕白化）六角恐龍因為都是有黑眼的品種，所以大致上不會有問題。但是，當把黑眼的幼體跟金體紅眼或是白化的幼體養在一起的時候，在還沒超過 2 公分體長的時期，白化的幼體很容易會去咬黑眼個體的外鰓，到了體長超過 4 公分的時期，咬的就不只是外鰓了，白化的幼體還會去攻擊黑眼個體的手跟腳，這一點務必要非常注意。這是因為白化的幼體視力不良所

豐年蝦的無節幼蟲以及剛孵化 10 天的六角恐龍幼體。這個時期的六角恐龍會在大量進食豐年蝦的無節幼蟲後，飛快的長大

孵化後七天的大理石紋六角恐龍幼體

孵化後七天的白體黑眼六角恐龍幼體

導致，在他們體長在 2 公分以下的時候，他們吃到的食物量會比具有黑眼的個體來的少，所以在發育成長上會比較慢。當體長長到超過 4 公分的時候，白化的幼體用來捕捉餌料的咬合力就會開始變強，白化的個體會反射性的去咬會動的或是碰到嘴邊的物體，因此，當黑眼的幼體的外鰓或是四肢碰到他的嘴巴的時候，他就會張口就咬並且死咬不放。視力比較差的白化個體，會比黑眼的個體在吃東西上面會有更大的執著，他們在生存上一直都抱持著「能吃就吃，吃起來」的態度。當體長超過 2 公分的時候，個體是否有白化就很容易分辨，這時候將白化的幼體跟黑眼的幼體分開飼養會比較好。

如果你的六角恐龍都是吃絲蚯蚓或是紅蟲一類的話，那他的成長速度就會飛快。轉眼間，他們的體長可能就會長到 8 公分左右，這時候最重要的就是把他們從育幼缸移往更寬廣的飼育空間中。

體色遺傳的遺傳學

六角恐龍的輕白化、大理石紋、白化一類的體色類型，
大多是由於遺傳所導致在體色上出現歧異的主要原因。
這一點務必要謹記在心。

　　關於六角恐龍體色的遺傳，美國多所大學正在進行
遺傳機轉的相關研究。目前已知六角恐龍會具有各式各樣
的體色，但大多都是受染色體上的遺傳基因所調控，在了
解這樣機轉的時候，你可以透過配種的方式來得到你心中
所想要的體色。

　　六角恐龍一共有 28 條染色體，性染色體的部分與大
多數動物有點不一樣，一般來說，XX 是雌性而 XY 是雄
性，但六角恐龍則是，ZW 是雌性而 ZZ 是雄性。魚類部
分，雄性是 XY 的異型的性染色體，而六角恐龍的話，雄
性則是同型的性染色體。

頂部為紅褐色，身體為白色（輕白化）的突變色個體。這是特意培育出來的個體。（照片由ペットショプリバース魚提供）

關於體色的部分，野生型（也是具有大理石紋的體色）的基因型通常會寫作 D/D，而具有白體黑眼搭配的個體通常稱之為輕白化型的品種的基因型則會寫作 d/d。這種基因標記法是源自於，因為野生型體色偏暗，所以取英文 Dark 的開頭字母 D 來代表這個基因，大寫的 D 則代表顯性的基因，具有顯性基因的時候，體色會接近野生型，所以 D/D 或是 D/d 的基因組合下，體色不會有明顯的差異。同樣的白化的基因則是由 a 來代表，當基因型是 A/A 或是 A/a 的時候，則不會出現白化的現象，反之，具有 a/a 的基因型則會是白化的個體。另外還有，ax 的基因（缺黃色素基因，axanthic）以及 m 的基因（黑色素基因，melanoid）都是會參與體色調控的主要基因。這些基因的組合，會決定六角恐龍的體色。雖然白化的基因是 aa 作為代表，但決定六角恐龍體色的基因型不只是只有 aa 而已，按照介紹的順序，可能會是 DdaaAXaxMm 或是 ddaaAXAXMM 一類的，實際上大概會有 16 種不同基因組合的白化個體。

目前市面上流通的六角恐龍大致上分為，大理石紋型、白體型（輕白化型）、白化型、金色型、黑色型以及藍色型幾種。具有不同體色的血統在交配後，通常是以他的體色當作品種名在販售，但實則上他的遺傳基因組合可能會有不同。有時候會發生，「同樣是大理石紋的個體在交配後，結果產下了白化的個體，到底發生了什麼事

輕白化型，頭部帶有很強黃色調的幼體。雖然目前這個色調目前顏色很淺，但長大以後遺傳調控的結果很耐人尋味

黃金六角恐龍的幼體。金色的濃淡，金屬色的強弱，在個體間仍有很大的差異。一隻一隻的觀賞，這也是一種樂趣

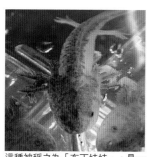

這種被稱之為「布丁娃娃」，是一半具有大理石紋一半輕白化的六角恐龍。這是種非常珍稀的個體，目前長大的成體還非常少見。（照片由 alive 小島健太郎提供）

啊？」，這一類不可思議的事情。但實際上這是 A/a 的個體，因為是同時具有白化的顯性與隱性的異型基因組合。在交配後，按基因交配的棋盤格法來推算，子代的基因型組合比例為 A/A : A/a : a/a 為 1:2:1，確實有 25% 的機會出現白化的個體。因此，「如果飼育的大理石紋個體的祖先具有白化的血統」，這樣的話大理石紋的子代出現白化的個體，這樣不足為奇。

黑色六角恐龍在一部分的玩家當中也是具有相當高的人氣，同時也是一個非常少見的品種。這是由遺傳基因 m 所調控，當基因型為 m/m 的同型基因所導致的黑色體色，但實際上來說 m/m 型並不完全是正黑色的六角恐龍。大多數的情況下，很多個體在頭部與身體上都有斑紋，這部分跟大理石紋六角恐龍有點類似。這是因為這些個體由身體內的一種色素細胞，黃色素細胞（chloragosomes）有關，正黑色的六角恐龍，不只是要具有 m/m 的基因型，此外還需要有缺乏黃色素細胞虹膜細胞（iridocyte）的表現，所以必須要具有缺黃色素基因 ax/ax 的參與，同時具有這兩種隱性性狀體色才會呈現正黑色。所以從異型基因組合中可以知道，要得到具有一種隱性性狀的後代大約只有 25% 的機會，那要同時得到具有兩種隱性性狀的機會則是 1/4 × 1/4，也就是只有 1/16 的機會才會出現。所以，要偶然之下獲得同時具有兩種隱性性狀的個體很難，必須要有系統性的規劃親代的配種，在多次嘗試之後才有機會獲得。

黃金六角恐龍體側的模樣。這種珍珠般的光澤與花紋，在這品系中非常常見

不只是透過黑色素細胞基因（m）所調控的增加黑色素細胞（melanocyte）的表現以外，同時間要在缺乏黃色素細胞（chloragosomes）與虹膜細胞（iridocyte）的狀況下，才會呈現正黑色的體色。但如果個體仍具有一些些虹膜細胞的話，那這樣的個體體色就會看起來呈現深藍色，這時候這種品種則稱之為藍色六角恐龍。當然很多人會說「雖然藍色很少見，但是真的沒看到黑色品種」，這是因僅僅只是依靠黑色素基因 m/m 來調控，並不會呈現出正黑色的個體。另外，當很多人第一眼看到藍色六角恐龍的時候，通常腦海裡會浮現，「藍色？這是算是藍色嗎？」的疑問，因為他們的體色跟大多人印象中了藍色相比落差很大。不論是黃色素細胞也好虹膜細胞也好，但是事實上是不存在藍色素細胞。而所謂的藍色體色，單純是依靠虹膜細胞在光線反射下，所帶出來的藍色的感覺所造成的。

黃金六角恐龍，在身體的體色上會有一些濃淡上的色差，這大多數是跟皮膚下的黃色素細胞與虹膜細胞多寡所帶來的顏色上的差異。具有強烈黃色調並有鮮豔光澤的體色，是大多數黃金六角恐龍呈現的樣貌，這是因為皮膚下的黃色素細胞與虹膜細胞所構成。然而，黃色素細胞與虹膜細胞在皮膚下分佈的多寡，將會在外表呈色上產生滿大的影響。因此這些不論體色濃淡的黃金六角恐龍，也都是遺傳基因來調控造成的。因此，如果你要培育出一隻漂亮的金色六角恐龍，那就務必要挑選一對漂亮的親代來配種。

在「六角恐龍的品種」的那一個章節中介紹過，白化六角恐龍通常是「身體通白，具有紅色眼睛」的六角恐龍。有時候在多體養殖中，白化個體會去咬傷別人的外鰓或是手腳，所以還蠻招人討厭的。但是他們所謂的「白色體色」，其實還是有分為很多種，有些是淡黃色，有些是正白色，也有些是帶有一點點粉紅色。當個體越長越大的時候，這些顏色的色斑就會越來越明顯。所以當你在看到這些顏色的時候，就可以好好規劃明年的配種計畫了。

在配種的時候，就有機會來驗證這個體色的遺傳狀況，並享受自己培育不同體色的六角恐龍所帶來的樂趣。

健康管理與疾病應對方針

在兩棲類動物當中，六角恐龍算是非常強健的物種。
只要抱持著時時做好水質管控的心態，
就可以輕鬆培育出健康的個體。

　　雖然收集各種體色的六角恐龍很容易，但是在多頭養殖的時候要特別注意，因為可能會出現攻擊外鰓與四肢的互喰問題。特別是白化的個體，因為他們的視力很弱，所以他們常常不會放過攻擊任何會動的物體的機會。當餌料給予不足的時候，馬上就會開始攻擊體型比較小的個體，這種情況發生的機率非常高。所以，可能的話，盡量把同一種品種養在一起，同時在養白化品種的時候，飼育的空間與餌料的給予方面一定要非常充足。儘管四肢受傷在幾個月的時間休養後會再長回來，但是當外鰓被咬傷以後，每一次復原在展開時間卻會越來越長，甚至有可能無法再回復。如果今天你養的個體是要用來拍照的話，那務必在餵食上一定要非常的充分，這樣才能避免外鰓被攻擊受傷的狀況。

黃金六角恐龍（左）與白化六角恐龍（右）。由於白子的視力比較差，當跟黑眼的品種一起混養的時候，白化型的個體通常會引發比較多的麻煩

　　一般市面上在販售的六角恐龍，大多是 10 公分以下的幼體。當然，有些水族館標榜著有販賣六角恐龍，店內氛圍也非常良好的狀況下，所販售的六角恐龍就比較少會是過於瘦小、外鰓短小、或是缺手缺腳的個體。六角恐龍成長的速度很快，在充分餵食的狀況下，6~7 公分大的個體在一個月的時間內就會長到 12~14 公分大。但是有些水族館在販賣的時候，總是抱持著「比較小的個體比較好賣」的心態，所以對於庫存的個體來說在餵食總是不會非常充分。所以在購買上，盡量選擇有販賣比較多個體的商家購買比較安全。

　　在魚缸方面，如果你只打算養一隻的話，30~36 公分大的魚缸就夠了，但如果是一次養 2 隻以上的狀況，那就要準備最少 45 公分大的魚缸，當然在飼養上除了魚缸，還要準備過濾器、底砂以及日光燈一整套的設備。為了要防止六角恐龍的互喰的現象出現，最好選用底面積特別大、可以充分提供活動空間的魚缸。有時候有些自以為很有繁殖經驗的玩家，一次會養數百隻六角恐龍，當體長還沒長到 10 公分的時候，不論餌料給予的多充分，因為畢竟很多個體交疊在一起，這時候常常會觸動六角恐龍特有的張口去咬的反射動作。所以，每天都會有看到有些四肢都被咬傷，然後無力飄在水面的個體。

為了要防止個體互喰的情況發生，最佳的辦法並不是只有單體養殖而已。本書中所拍攝的個體，基本上都是在10隻以上混養的環境中長大的。為了避免外鰓會是手腳被咬，每日的觀察也是非常重要的，隨時注意那些個體成長速度的落差，當出現某些個體長得非常大的時候，要盡快的把他隔離飼養起來。同樣重要的是，絕對絕對要充分餵食。

接下來開始，會以六角恐龍常見的健康問題為中心進行說明。

腫瘍的症狀

基本上六角恐龍大多數都不太會生病，但是偶爾會出現身體或是頭部周邊會有一些腫瘍出現，這時候這些個體的體表就會開始分泌一些白色的分泌物。大多數出現這種徵狀，都是因為換水不足，水質惡化所導致。過濾器與曝氣設備可以有效抑制這樣的情況發生，特別是在6~9月下旬的時候，使用曝氣設備能有效的抑制水溫的上升。當使用曝氣設備的時候，水面會激起很多波紋，這樣可以增加水中的溶氧量，加速水中廢物的分解。同樣的，增加換水的頻率也可以有效的抑制水質的惡化。

在大多數情況下，如果連續幾天每天都換水的場合下，身體上的腫瘍就有可能自然而然地痊癒。因此，當有個體出現這個症狀的時候，請立刻將他隔離，並飼養在清涼的水缸中，並給予富含營養價值的餌料餵食。

下顎出現腫瘍的個體

外鰓脫落、皮膚缺損

當外鰓出現不規則脫落，或是體表與尾部邊緣出現出血的狀況，或是皮屑剝落的時候，通常這都是因為飼育水太久沒清潔或過濾器太髒等環境不乾淨，所導致的細菌感染症狀。跟魚類一樣，六角恐龍也會因為細菌感染淡水魚柱狀病（columnaris disease）、單胞菌感染出現出血性敗血病、或是分枝桿菌以及假單胞菌感染等所造成的疾病。持續的換水，並做好水質的管理，你的六角恐龍就不容易感染這些疾病。要是不小心得了這些疾病，那就要使用魚病藥物進行藥浴浸泡。治療的時候，可以使用細菌性魚用藥一類的魚病藥物，使用時，按照藥物所附的使用說明

因為水質惡化，外鰓跟鰓絲脫落的個體。這是呼吸重要的器官，在這樣的狀況下，這種個體就面臨生死存亡的局面

書，投入 1/3 的建議用量，當水變黃以後，把患病的六角恐龍泡在藥浴桶內 3~5 分鐘，然後再撈出來放到乾淨的養殖水缸中隔離養殖。

內臟異常，排泄不良

正常來說，六角恐龍的排泄通常都很正常，但是當他出現「便秘」的時候，大多數的飼養者都會開始緊張擔憂。由於六角恐龍的內臟構造比較單純，所以通常出現排泄異常的時候，大多都是因為胃、或是與胃相接的脾、或是泄殖孔附近的腎，這些臟器異常所造成，很少是飼料的緣故。常常會聽到有人說，「因為誤食底砂，所以內臟出了問題」，但是這樣的說法令人相當存疑。我在養殖六角恐龍的時候，除了手腳還沒長出來的時期以外，大多都是養在鋪有底砂的環境中，雖然他們偶有不小心吞下底砂，但卻也沒有發現任何的問題。

通常在飼養六角恐龍的時候，並不會鋪設粒徑大於 10 公釐的底砂，要說比較有可能的致病原因，人工飼料還比較有可能，所以餵食上還是以冷凍紅蟲或是活的絲蚯蚓為主會比較好。冷凍紅蟲跟活的絲蚯蚓對六角恐龍來說，是相對比較好消化的餌料，相對的，粒狀或是片狀的人工飼料對六角恐龍來說，消化上的負擔就相對比較重了。但是即使這些餌料與天然餌料相比在消化的負擔比較重，並不代表這些餌料不能被消化。站在六角恐龍的角度想想，不論哪一種水生動物每天持續的只餵食同一種飼料，其實身體也會漸漸的變得不好。因此就算是六角恐龍這一類的強健的物種，在餵食上，也不要忘記多準備一些不同類型的飼料，在每天餵食的時候可以有更多選擇與變化。

目前已知，六角恐龍也會有一些由心臟、脾臟或是腎臟所引起的疾病。目前推估有可能是一些先天性或是遺傳性的疾病所造成，而且這類型的疾病也不容易可以從外觀或是行為來判斷。因此，即使是在做好日常管理的情況下，病情也有可能惡化。通常這些疾病的發生，會出現一些像是體液異常分泌導致的全身腫脹，或是下頜因為積水導致嘴巴無法閉合的病癥。如果你打算透過皮下注射的方式，將聚積在體內的積水移除之前，最好先諮詢過專精於

兩棲類寵物的獸醫師。因為再不明白致病機轉之前，有可能同樣的病癥會再次出現。我想，這是因為事實上還存有一些難以治療的病狀吧。

因為吃下麵包蟲導致內臟受傷

在市面上有販售麵包蟲當作大型熱帶魚與爬蟲類寵物的餌料，但對六角恐龍來說他是一種非常糟糕的餌料。首先麵包蟲有幾丁質構成的堅硬外殼，對六角恐龍來說這很難消化，所以大多數的吃下去的面包蟲都沒有被消化就直接排出體外。再者，六角恐龍在攝食上都直接吞下去不會咀嚼，所以很常時候，面包蟲吞到胃裡面的時候還是活著，這時候面包蟲就有可能用堅硬的顎咬破六角恐龍的胃。所以，合適的活餌還有很多種，盡量要避免使用不恰當的餌料。

體表上的黴菌感染

在多頭養殖的時候，很常會因為水質髒污造成皮膚上直徑 1~3 公分大小的黴菌感染的狀況。常常有個體因為被咬傷，然後因為飼育水髒汙，造成水生黴菌的二次感染。這時候，就可以使用少量的亞甲基藍與食鹽來進行藥浴浸泡，藥浴浸泡後，感染的個體要隔離飼養，整體治療的模式，與之前腫瘍發生時候的治療方針大似相同。

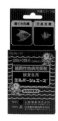

在使用上，細菌性魚病用藥的最高劑量只能使用到規定用量的 1/2

不只是六角恐龍，大多數的水族寵物在疾病的治療上，有三大重點，首先是早期發現，再來就是迅速採取合適的治療方針，最後則是儘速的改善飼育水的水質。在魚病藥物的使用上，用在兩棲類動物時，使用的劑量要相對降低，這一點一定要銘記在心。雖然在治療黴菌感染的時候，孔雀石綠的效果非常好。但是，對六角恐龍來說，孔雀石綠卻是有害的，所以一定要避免使用。當體表出現一些異常的時候，就可以先使用用來當染色劑亞甲基藍稀釋後治療，如果症狀沒有改善，則可以進一步使用細菌性感染或是黃藥一類的魚病藥物，在使用上則是以規定用量的 1/2 為使用上限。

細菌性感染症藥品是可以使用於六角恐龍身上的魚病用藥

在熱帶魚當中常見的因為單胞菌感染所引起的赤病，也是因為水質管理不當所引起的。之所會被稱之為赤

背部的皮膜（相當於鰭的部分）有
受傷的個體

前肢跟外鰓有被咬的個體。前肢有
明顯的瘀血，通常來說 6 公分以下
的幼體可以在短時間內再生回復。
大多都是因為多頭飼養的時候餌料
不足導致，這部分也需要改善

左右前肢以及左側外鰓尖端有被咬
掉的個體。當發現這種個體的時
候，要趕快隔離，並養在清澈的飼
育水中仔細照料，之後就會再生回
復

鰭病，這是因為在感染的區塊，會因充血而發紅，然後感染範圍擴大的時候，發紅的區塊也會隨之擴大。如果是六角恐龍感染這個疾病的時候，根據記錄會很快的死亡。最好的應對措施就是，做好水質的管控，避免感染。當不幸有染上的個體出現的時候，可以細菌性感染一類的魚病藥物進行藥浴，然後增加換水的頻率來改善這種狀況。

外鰓的外傷

對於六角恐龍來說，跟前述的內容一樣，互喰是最常出現的意外。外鰓對於六角恐龍來說是重要的呼吸器官，所以如果抱持著「因為會再生，所以被吃掉也沒關係」的想法的話，就會造成很大的問題。如果呼吸器官大規模受損的話，會造成致命的傷害。同時，外鰓如果有受傷的經驗的個體，之後長出來的外鰓也不會像之前的那麼漂亮。

但實則上，這是因為那些個體都是單體獨立養殖，而且在食餌投餵非常充足的情況下飼養，所以不會發生互喰的現象，並沒有做其他任何特殊的處理。所以在飼養六角恐龍上，要避免過度不合理的多體養殖。

手腳上的損傷

由於互喰的原因，所以手腳有時候也會受傷。這點跟魚鰭一樣，有時候在幼體複數養殖的情況下，尾鰭的皮膜有時候被別的個體攻擊受傷。根據那些一次養多隻個體的人的經驗來說，當看到個體受傷出血的時候，就要趕快把它隔離開來，並放到水質澄清的飼養環境中靜養，等待它再生復原。對我來說，我通常會在這個時候，使用預防細菌性感染藥品，在使用上藥物劑量大致上是抓建議劑量的 1/3~1/2 來避免二次感染產生的症狀。10 公分以下的年輕個體或是幼體，在受傷後，大致上都會很快的回復。相較之下，受傷的個體如果是 10 公分以上的成體，那這時候就需要比較長的時間才能復原，有時候甚至不能完全恢復。在再生期間，個體的活動會比較不自然，在觀賞的價值上也會顯著的降低。因此，如果要維持較高的觀賞價值，在多體飼養的時候，飼育者要做好良好的管控，避免互喰的現象發生。

六角恐龍的 Q&A

關於六角恐龍的部分，
還有很多小細節沒有一一說明。
這邊針對一些常見的疑問跟重點，進行的解惑。

**Q：通常市面上販售的60公分的魚缸，可以養幾隻六角恐龍？
到底可以養到幾隻，幾隻以上不行？能具體的解說一下
嗎？**

　　這基本上要依據六角恐龍的尺寸以及飼養目的會有所
不同，無法一蓋而論。如果是 10 公分以下的幼體，大致
上養 3~7 隻不會有太大的問題。如果是成體的話，則比
較合適養 2~3 隻之間。在六角恐龍的飼育上面，如過飼
養密度過高，很容易在外鰓以及四肢的部分，有被其他個
體咬傷的意外出現。因此，在飼養上，盡量以「充足的空
間」為基本準則。畢竟，養殖密度過高的時候，水變髒的
速度也會變快，在水質管理上也會變得很困難。所以，可
以的話 60 公分的魚缸拿來單體養殖也是不錯的選擇。

Q：我應該從什麼時候開始養六角恐龍比較好？

　　大多數的幼體的販賣期間，大致上介於春天開始一直到初夏這段期間。對於是自己親手養育的個體來說，通常是想從最小個體就開始，但是如果直接從 10 公分左右的個體開始養，也是相當有趣的一件事。在 3~5 月之間，大致是是最適宜入手的時刻。另外就是，最好不要在夏天，氣溫跟水溫都超過 30℃的時候搬運六角恐龍比較好。因為對於六角恐龍來說，炎熱的夏天是很嚴酷的季節。

Q：市面上有各式各樣的魚病藥物在販售，能請教一下使用的方法嗎？

　　對六角恐龍來說，水質的管理要是適當的時候，基本上很不常生病。他也不像熱帶魚一樣，需要透過鹽浴來避免生病。但是當有感覺到外鰓上的塞斯在脫落的時候，這時候可以試著用亞甲基藍或是預防細菌性感染藥品來進行短時間的藥浴。在使用上則是依照建議用量的 1/3 稀釋來使用。因為兩棲類的動物會透過皮膚來吸收藥劑，所以絕對要避免使用高濃度的藥品來治療。

Q：裝設日光的的目的是什麼？他有什麼作用呢？

　　基本上與太陽光一樣，日光燈會有助於你觀賞六角恐龍漂亮的體色與體態，同時在水草的養殖上也會提供不可或缺的光線。雖然目前多數以白光為主流，但市面上在販售的日光燈管有各式各樣的顏色。六角恐龍在養殖上，大多數都會使用單管式日光燈，所以以為了便於享受六角恐龍體色所帶來的樂趣，請務必一定要架設日光燈。雖然，

黃金六角恐龍

某些人因為為了降低多體養殖上六角恐龍的躁動性,會在陰暗的環境下養殖,但這樣不使用日光燈的人真的很少。所以,如果你是以觀賞為主要目的來飼養的時候,務必要考慮使用日光燈。尤其是有水草養殖的場合,因為水草的生長環境中光線是不可或缺的一個要素,所以還是裝一盞吧!

Q:使用曝氣設備真的會比較好嗎?

如果在多體養殖六角恐龍的時候,都應該要使用曝氣設備。如果你使用的是海綿過濾器的時候,它本身在過濾的時候就同時兼具曝氣以及生成水流的功能。在曝氣設備前端專設發泡石,可以有效地增強打氣效果,同時也會透過增加水面的波紋,來增加水中溶氧量。在 60 公分以上的大型魚缸中,最好魚缸的一角裝設配有發泡石的曝氣設備,這樣才能有效的增加水質的安定性。畢竟,六角恐龍是喜歡活在高溶氧的飼育水中。

Q:當我買了魚缸以後,馬上就將六角恐龍放進去飼養,可以嗎?

六角恐龍是一種強健的兩棲類動物,所以自來水用水質穩定劑中和以後,直接放到魚缸中飼養是可以的。所以買來的新魚缸,只要用水把裡面的灰塵都沖洗乾淨後,基本上是沒有問題的。如果你今天用的是塑膠魚缸,只要將自來水好好中和後,就可以試著直接飼養六角恐龍了。

Q:魚缸設定好之後,一開始的時候魚缸中的水都白白濁濁的,一點也都不透明。該怎麼辦呢?

剛架好的魚缸,因為過濾型細菌還沒在當中充分繁殖開,所以水缸裡的水通常都會因為有一些懸浮物所以呈現混濁的狀態。如果你在這時候要養殖六角恐龍,在給餌上

活性碳濾材,可以在短時間內將污濁水質過濾澄清

各式魚缸用日光燈

大理石紋六角恐龍

要稍微控制一下會比較好。在有使用過濾器的情況下，大致上在水缸架好的 3~4 天之後，過濾型細菌才會開始起作用，之後水才會開始變得透明。但，要是架好一個禮拜以上，水都還是白白混濁的話，可能要考慮是不是因為養的六角恐龍數量太多，或是投餌的時候量體太大等原因所導致。因為這些原因不改善的話，水體混濁的情況也不會變好。

在沒有使用過濾器的狀況下，你就必須要透過高頻率的換水，來改善水體混濁的情況。

降解淨水陶瓷

Q：亞硝酸鹽、硝酸鹽是什麼。

阿摩尼亞（氨）被去氨硝化菌分解以後，會生成亞硝酸鹽。這個亞硝酸鹽會再被去亞硝酸硝化俊分解生成硝酸鹽。這被稱之為生物性過濾作用。阿摩尼亞（氨）對六角恐龍來說是有害的，相對來說硝酸鹽則是比較無害的物質。所以在日常管理中，透過過濾器以及生物性過濾作用去除水中有害的阿摩尼亞（氨）與亞硝酸鹽，是非常重要的，因為這樣才能保持飼育水的良好狀態。

Q：六角恐龍可以活多久？可以請教一下六角恐龍的壽命是多長嗎？

六角恐龍在飼育的時候，大約是可以活超過十年的一種兩棲類動物。依照一般的養殖方法飼養的時候，以冷凍紅蟲為主，偶爾投餵一下人工飼料，並且定時換水保持水質乾淨的狀況下，不論是誰都能輕易養超過 5 年。比較大的挑戰大多來自於夏季的高水溫，但如果是在有開空調的室內的話，可以輕易的將水溫保持在 25℃左右。如果群

體飼養的時候，飼養隻數比較少的時候，他們的外鰓也比較不會被其他個體攻擊而受傷，這樣他們的壽命也會比較長。外鰓是他們在呼吸上不可或缺的器官，所以盡量不要讓他們外鰓受傷是很重要的注意事項。因為過度餵食而導致肥胖，也是短命的要因之一。特別是採用單一一種人工飼料長時間的餵食，常會造成營養不均衡，所以非常不建議這樣做。

Q：可以教一下六角恐龍的公母怎麼區分嗎？

六角恐龍的公母在成熟以後，非常容易辨別。在泄殖孔處是否有膨大，是公母之間最大的差異。可以參考第112頁下半部，那邊就有註明雌雄個體在泄殖孔處的差異。假如同時擁有雌雄個體，就可以試著享受育種配對所帶來的樂趣喔。

Q：可以自己試著繁殖六角恐龍嗎？

六角恐龍大多在出生後一年就會性成熟。從春天開始飼養，熬過了夏季，在秋天大量的進食，冬天在 8~10℃寒冷的水溫中冬眠，這大概就是一整年的養育歷程。假如同時擁有雌雄個體的狀況下，隔年春天就會交配產卵。基本上這並不困難，要注意的就是在夏季的時候，絕對不要讓飼育環境的水溫超過 29℃，還有就是在冬天的時候一定要讓他受到低溫的刺激（也就是冬化刺激）。冬天在水溫 8~10℃下飼養的時候，可以不需要餵食也沒關係。在春天的時候，當水溫超過 15℃的時候，水溫不穩定的上下變化，就會刺激六角恐龍交配產卵了。

灰色六角恐龍。是黑色六角恐龍中的一種，比正黑色還要淡，帶有藍色與灰色的色調

Q：想請教一下，多大的魚缸需要搭配多少瓦數的加熱器呢？

這要視魚缸設置的場所以及所在地區的氣溫而定，基本上是要將水溫保持在 18℃左右會比較好。大致上 60 公分的魚缸要搭配 100 瓦的加熱器，90 公分的魚缸要搭配 150~300 瓦的加熱器來使用比較恰當。在養六角恐龍的時候，除非是持續都很寒冷或是極度低溫的環境以外，其實不太需要保溫，其實在室溫環境下養殖就可以。

Q：六角恐龍有機會跟其他水族寵物混養嗎？

由於六角恐龍視力很差，所以在攝食上面都是採取「只要任何會動的東西都可以放到嘴巴裡面」的策略。因此，不適合跟熱帶魚或其他水族動物同缸飼養，對他們來說，那些東西都跟餌料沒什麼兩樣。另外，如果把六角恐龍跟比他還大的魚類混養的時候，有時候六角恐龍的外鰓對那些魚來說看起來就像是魚的餌料一樣，所以他的外鰓有可能會被那些魚攻擊。所以要是可能的話，還是不要把六角恐龍跟其他動物混養在同一個魚缸比較好。

Q：如果卵的發育非常順利在進行，但是最後幼體卻無法破卵而出，這該怎麼辦？

六角恐龍的卵，正常來說在產下後經過 14~20 天就會孵化。但有時候，包裹在卵外的果凍狀保護膜太厚，或是卵產太多的狀況下，就會有些卵不會孵化。所以當你發現卵裡面的幼體的眼睛可以清楚地看見，外鰓也張的非常開，並且很清楚的開始從卵黃吸收營養的幼體的時候，這時候你可能可以小心的用鑷子把卵撕一個小洞，透過這樣來幫助幼體的孵化。

Q：如果不用豐年蝦無節幼蟲來餵食幼體，還有別的選擇嗎？

剛孵化的豐年蝦無節幼蟲，對六角恐龍的幼體來說是最合適的餌料。可以用人工飼料來餵嗎？雖然說很困難，但這並非是不可能的。只不過，這些會動的餌料對他們來說才是他們的最愛。如果在孵化豐年蝦無節幼蟲上有困難的話，可以混合冷凍的豐年蝦跟青鱂魚幼魚用的人工飼料來餵食，但每天還是要用滴管將殘餌移除來保持水質的優良與穩定。但是這種場合之下，雖然他們可以正常成長，但是常會發生互喰跟外鰓受傷的意外。所以，在他們開始可以吃冷凍紅蟲或是絲蚯蚓之前，還是用剛孵化的豐年蝦無節幼蟲來餵食比較好。

在 TAKARA 海洋堂的超 Q ペット動物系列第四彈中登場的六角恐龍模型。身為六角恐龍迷一定要來搜集喔～

Q：我要是要出門旅行，那我該怎麼餵我的六角恐龍比較好？

除非是要出門旅行非常長的時間，不然的話，可以不需要特地餵他幾天也沒關係。大致上，六角恐龍可以 3~4 天不進食也沒問題。如果超過這些天數然後都沒餵食，在多體養殖的時候外鰓或是手腳就有可能因為互喰而受損。這時候，可以考慮改為單獨飼養。相比於餵食來說，最大的問題應該是，如果你是在夏天出門的時候，房間溫度的問題。因為這時候水溫上升會很快，六角恐龍可能會因為這個原因而死亡。所以這時候，要特別注意水溫上下變化所帶來的風險。

Q：六角恐龍有很多各式各樣的體色品種，把他們混養在一塊，沒關係嗎？

在本書中有介紹過，六角恐龍的體色歧異性是眾所皆知的。基本上，就算體色不一樣但他們還是同一種生物，所以是有機會將不同品種混養在一塊的。但是在體長超過 10 公分以後，白化的個體跟普通具有黑眼的個體混養的時候，黑眼個體的手腳或是外鰓就有可能會被白化個體

意外的攻擊。所以，可能的話在混養的時候，「黑眼的跟黑眼的養在一起，白化的跟白化的養在一起」，按照這樣的準則來進行混養的時候，意外就會比較不常發生，你也可以更盡情的享受混養所帶來的樂趣。

白體黑眼 10 公分大小的年輕個體

護寵者聯盟

全面守護你的愛寵，只給你好還要更好

EASY-LIFE®

荷蘭領導品牌

Voogle

海水　淡水

Perfect fish care, avoid antibiotics!

無抗生素，最完美的水族健康保護劑！

EASY-LIFE®

所有產品由荷蘭工廠製造
並經過生技專家嚴格測試
以特殊抗UV材質包裝
銷售範圍超過54國
成就完美的品質

✓ 無抗生素

✓ 舒緩緊迫感

✓ 快速增強抵抗力

✓ 大幅提高生存率

榮獲
德國ZOO ZAJAC大賞
年度最佳產品

Voogle運作原理

病原體 Pathogen
(=bad)

黏膜防護
Slime coat

溶酶體 Lysosome
(=good)

融合與釋出安全酵素
=消滅病原體
Fusion & release of e
=killpathogen

Voogle 為快速抵抗力增強劑，獨家配方暢銷歐洲，淡海水皆適用。
快速舒緩緊迫感並增強疾病抵抗力，對幫助恢復動物健康有極佳效果，大幅增加存活率。
非抗生素配方，安全無副作用，被歐美專業人士廣泛作為必備保養品與急救用品。
用於競賽級觀賞魚蝦與一般家庭水族箱，並成為高價值活體運輸時的安全確保劑。

總代理

淞亮股份有限公司
SONG LIANG INCOPORATED COMPANY

製造商
荷商 Easy Life International B.V.
Spoorallee 18 6921 HZ Duiven, The Netherlands

註腳

第一部 轉型之長路

第一章 轉型之長路

01 | 隨後一路降低，直到 1980 年代至 1990 年代末期之間，才又再度推出一波高潮。（參見：DWDS – Verlaufskurven, *Denkmal*, 2020.11.25）

02 | 馮·沙恩霍斯特原句為：「Alle Bürger des Staates sind geborene Verteidiger desselben」。（參見：Epkenhans, 2018: 31）

03 | 此十字型源自條頓十字，有其國族起源神話建構之根源應用。

04 | 「工委會」──俄語原文即為「蘇維埃」──這樣的名詞選用，是有意識地在與當時的士兵與工人陸續成立的各種工委會建立聯繫。

05 | 事實上，葛羅皮烏斯在包浩斯校長任內一直試圖與政治保持一定距離，即便眾所周知包浩斯多半被視作一項左傾的計畫。另外一段紀錄也提到，葛羅皮烏斯後悔被同住的阿爾瑪·馬勒說服不參加「三月死難者」的葬禮遊行。（參見：Schubert, 1976: 200）

06 | 公共藝術、紀念碑研究者燕德里西曾提及，當年辦理徵件時，原先工會卡特爾中的委員會傾向於其他方案，但葛羅皮烏斯的方案卻在全體大會表決時獲得絕大多數工人的支持。這樣的結果，與一般對工人階層的審美想像有著很大的不同。筆者認為，或許某種程度上這也從旁反映了當時威瑪工人階層的進步性以及對於前衛藝術的理解。（參見：Endlich, 2003: 18）

07 | 戰後此碑則在略為修改後重建，自 1946 年起豎立於原地至今，然而復建後，原先的碑文「致 1920 年 3 月死難者──威瑪市工人們立」卻改成僅剩「致 1920 年的 3 月死難者」。

08 | 自由軍團是德國在一次世界大戰後、威瑪共和早期的半正規軍事組織。在「十一月革命」開始時，當時的政府並沒有可靠的正規軍隊，於是一群過去的前線士兵被組織成軍事協會，進而組成軍團。當中有絕大部分成員為專制政權的緬懷者或者是反民主的右翼保守分子。在政府的支持下，自由軍團陸續鎮壓了包括「十一月革命」、慕尼黑及不萊梅的蘇維埃政府以及「三月革命」等左翼起義。

09 | 薩爾位於德法邊界，18 世紀後法德陸續建立現代民族國家，疆界問題即頻繁發生。第一次世界大戰後，《凡爾賽和約》決定將薩爾委由國際聯盟託管，滿 15 年後再由居民公投自決其歸屬。1933 年納粹上台之後，便於當地組織政黨「德意志陣線」作為其政治宣傳，而「德國是世界大戰受害者」以及「凡爾賽之辱」的宣傳在薩爾獲得成功。1935 年薩爾公投的結果呈現，90% 以上的薩爾人民決定歸入德國版圖，而其意義在於，為當時納粹以及希特勒的獨裁統治再次投下了信任票。

10 | 馬格德堡當地的前線士兵協會「鋼盔」是一個保守派右翼、反民主色彩的協會。他們自紀念碑設立的 1929 年起就不斷製造侵擾事端。

11	根據目前立於該碑殘存部分旁的說明牌，當時與呂布薩姆同屬「萊茵分離派」之四百多名藝術家聯名為此碑辯護，並呼籲這座城市的相關事務負責人應支持這座紀念碑，從而不辜負杜塞道夫作為藝術之城的聲譽。
12	正如同當年解放戰爭之後，普魯士對於椴樹下大街自布蘭登堡門至〈新崗哨〉的整建一般。
13	馮·沙恩霍斯特與比洛伯爵的雕像。製作者為雕塑家勞赫，於 1822 年豎立。1826 年則接續著樹立了布呂歇爾的雕像於〈新崗哨〉之對面、歌劇院旁。
14	夏隆不僅是柏林戰後都市重建規畫的要角之一，往後更因設計柏林愛樂廳、柏林工大建築系館以及國家圖書館新館，是「有機建築」風格的代表建築師之一。然而柏林愛樂廳的現址曾是「蒂爾花園 4 號宅邸」，是納粹安樂死計畫發動處。歷史層疊之下，後人多半比較容易追想愛樂廳之建築成就以及當中歷代著名音樂家之事，納粹安樂死的「Ｔ４行動」則要待到 1980 年代末期起，才從民間團體的倡議和行動之中，開始受到廣泛注意。也就是說，夏隆的創作雖曾在早年的紀念中有一席之地，他的另一項建築作品卻也掩蓋了不義的歷史。
15	1946 年，這項活動移師至舊博物館前的娛園舉行，這個幾乎可視為紀念碑的大型布景，則一直留存至 1953 年才被拆除。隨著冷戰升級（西柏林封鎖），柏林市府在 1948 年徹底退出這個紀念活動。（參見：Georgiev, 2016a: 44-50）
16	美、英、蘇三國首腦羅斯福、邱吉爾與史達林於雅爾達舉行會議，目的是制定戰後的各種秩序重建方針。會後則簽訂了〈雅爾達協定〉為依據。
17	原文：Sie gaben ihr Leben für die Freiheit Berlins im Dienste der Luftbrücke 1948/1949
18	這些死難者的數量，在文書記載中亦有多種版本，故紀念碑上的名字並非完整的紀錄名單。
19	同樣獲得西德政府高規格注意和紀念的，還有東德發生在 1953 年的「六一七起義」（東德方面定調為暴動）。
20	羅特費爾斯在德國當代史研究中心的建立過程亦有重要貢獻，曾於 1959 至 1974 年間擔任該中心主任。此中心致力於當代德國史的研究，而納粹的歷史更在其中占有核心地位。直至今日，該中心亦不斷地發表經由學術考察而確認的新事證，並使德國社會據此採取相應的追討責任、賠償或恢復名譽的措施。
21	譬如由記者露絲·安德烈亞斯—芙烈德里希及指揮家里奧·波查德組織的「艾米叔叔」。
22	較為著名的有格奧爾格·艾爾塞策畫的啤酒館炸彈攻擊，以及由一眾軍官所發起的「七二〇謀刺行動」。當年對於抵抗運動的研究很大部分著重在「七二〇謀刺行動」上，某程度上是西德統治當局的自我道德正當化策略。
23	肖爾兄妹 1943 年在慕尼黑大學發起的反抗宣傳活動。
24	當年盟軍一方並不在乎德國內部自己傾軋的事件；東德與蘇聯方面認為這些軍官出自剝削者的階層，並且也是納粹統治體系的一部分；一般人民則認為這些人是叛國者。
25	此外，當年將建立西德時，基民盟與基社盟曾提議，以原先預期「七二〇謀刺案」成功後取代納粹旗的旗幟，做為西德的新國旗。1944 年該旗幟的設計者約瑟夫·維爾默在密謀行動失敗後，遭納粹逮捕並處決。
26	伊娃·歐布里希是「七二〇謀刺案」的受難者弗里德理希·歐布里希的遺孀。

27 | 較重要的相關紀念還有 1955 年將原本的本德勒街更易名為史陶芬貝格街、1962 年新增刻有在此槍決的五名軍官姓名的紀念牌、1968 年德國抵抗運動紀念與教育中心的揭幕展覽以及 1980 年的擴建工程等等。

28 | 法本公司雖然被稱作「染料工業利益集團」，但它其實是八間不同的公司的組合體，全盛時該集團是全歐最大的化學暨製藥企業之一。他們不僅在納粹執政的早期即獻上捐款，因為與納粹良好的關係，雇用大量的猶太人做為強迫勞動的工人，進而使公司大大擴張，該集團也是最早可以在集中營設施群中建造自己廠房的私人企業之一。集中營所使用的毒氣「齊克隆 B」來自其子公司「德固賽」。戰後，法本公司被盟軍勒令分拆，然而當中的數個公司，像是巴斯夫以及拜耳依舊是在德國的化工領域占有重要地位，並進而能夠影響政經決策的大公司。

29 | 約莫同時，該裸女像遭納粹當局移除搗毀。

30 | 「新法蘭克福」是 1925 到 30 年間，在法蘭克福一帶的一項都市規畫案，最廣為後世所知的是其中的公共住宅建築以及「法蘭克福式廚房」的設計。該案由建築師恩斯特‧梅所主持，他在 1925 年時受市長蘭德曼任命為都市建設局長，同時梅也主導了同名的雜誌《新法蘭克福》的發行，介紹各種國際建築、都市規畫與設計的趨勢。一如 1920 年代的包浩斯所主張的實用與美學相結合的前衛主張，「新法蘭克福」不僅希望解決居住的需求，同時在美學以及設計的實驗與革新上有其主張，政治主張也較為左傾。當時的藝術學院院長弗里茨‧維歇特與梅有密切的來往，除了參與《新法蘭克福》（1926 至 31 年，共 55 期）的出版工作，藝術學院的教師與學生也接下「新法蘭克福」計畫的委任案，專長是雕塑的賽伯就是在當時涉入了墓碑款式的設計。在「新法蘭克福」的早期版本中，梅也規畫了一些要讓賽伯發揮之處。參見：Seidel (2018). *Ernst May und die Skulptur. Von Richard Scheibe bis Seff Weidl*；Monoskop 網站對雜誌《新法蘭克福》的簡介：Monoskop (2014).

31 | 當年賽伯參展作品為〈十項全能運動員〉。

32 | 1933 至 1937 年之間，荀白克、托馬斯‧曼與李柏曼等不同領域的藝術家相繼退出普魯士藝術院。

33 | 賽伯於 1936 年成為院士。

34 | 相對來說，東德並不紀念七二〇謀刺案等事件，因為違反東德自身「反法西斯」的設定。而東德有自己版本的抵抗運動──也就是由一群流亡蘇聯的德國共產黨人以及他們所組建的「自由德國國民委員會」。如果承認了當時的德國之中曾有抵抗運動，西德與納粹的聯繫便需要討論，正當化東德政權的根據便會失效。有意思的是，當後來抵抗運動中心廣納德國當時不同政治光譜下的反抗運動時，史陶芬貝格的後代曾抗議，希望撤除匪室中對共產黨份子（特別是瓦爾特‧烏布利希與威廉‧皮克）的紀念。（參見：Der Spiegel, 1994）

35 | 溫克爾曼藉其著作《古代藝術史》宣揚新古典主義美學的承襲精神。

36 | 可參考法蘭克福匯報 2016 年的報導。（參見：Gafke, 2016）

37 | Endlich, Stefanie (2006), *Wege zur Erinnerung. Gedenkstätten und -orte für die Opfer des Nationalsozialismus in Berlin und Brandenburg*. Metropol Verlag.

38 | 比較著名的例子是「納粹政權受難者聯合會」（下稱 VVN）的分裂。1947 年成立的 VVN，原先廣納受難者和各種反抗者，包括跨黨派的基督民主黨人、社會民主黨人乃至共產主義者。隨著冷戰激烈化，不僅影響到官方對於紀念的態度，也在民間

團體之間造成張力。1951 年起，VVN 因為親共產主義分子的路線，與基民黨執政的政治意識形態不同，VVN 及其各分部陸續遭到禁止或關閉。除了改組、易名之外，也有親基督民主黨人、社民黨人或反共人士從 VVN 當中分裂出來，於 1950 年組成了「納粹政權受難者聯盟」。VVN 在東德地區（含東柏林）的分部，也因為對德國社會主義統一黨的批判態度，在該黨指示下中止運作，另外成立了「反法西斯抵抗運動鬥士委員會」，僅剩西德／西柏林的 VVN 持續在紀念工作上占有一席之地（儘管時常遭遇取締或鎮壓）。參見：Berliner VVN-BdA. *Unsere Geschichte.*

39 | 1931 年 9 月 12 日晚上值猶太新年之時，數百納粹分子聚集於選帝侯大街上，喊著「德國覺醒－猶太暴斃」（Deutschland erwache - Juda verrecke）的口號，經過的猶太人或是外貌看來像是猶太人者皆為他們攻擊的對象。1935 年夏則是在一部反猶電影以及報紙的渲染下，選帝侯大道的電影院前聚集了許多滋事分子，如 1931 年時一樣隨機攻擊可能是猶太人的路人。

40 | 華文語境裡慣稱的「水晶之夜」，是對這個日子許多種說法的其中之一。德國及歐盟時事觀察與評論家戴達衛指出，「水晶」一詞指的是處處滿街破碎玻璃在火光下閃耀的畫面。因此，在德國很多人已拒絕用「水晶之夜」這個納粹時期的用語，反而用「帝國暴亂之夜」來描述。作者為免於收斂甚至美化此事件之語義，故在書稿中選擇以「11 月反猶暴亂」名之。

41 | 舉例來說，公視 1 台的每日平均製播節目時間 1958 年為 303 分鐘，隔年增加到 368 分鐘，1960 年為 398 分鐘，1961、1962 年更倍數跳漲到 579、737 分鐘。（參見：Bundeszentrale für politische Bildung, 2012）

42 | 若說耶路撒冷的艾希曼審判與《第三帝國》相互呼應，那與法蘭克福的奧許維茨審判相呼應的也有《華沙猶太區》及《奧許維茨－圖片與文件》這兩個展覽。（參見：Höft, 2015: 176-178）

43 | 1979 年播映的美劇《大屠殺－懷斯家族的故事》這齣虛構的猶太家族戲劇作品，則在西德引起更為廣泛的關注。關於納粹議題的討論之所以能夠進一步拓展至大眾之間，不能不提及此劇的影響。

44 | 哈伯瑪斯稱六八世代是在德國「第一次有人真正地能夠不羞於在家庭裡及在螢光幕前，面對面地對他們的父母、長輩提出要求解釋的訴求」。（參見：Habermas, 1990: 23）

45 | 當時與猶太人相關的產業、奢侈品或藝術品，都受到納粹政權的強迫徵收或是賤價變售。慕尼黑猶太會堂此處連帶周遭的地僅售十萬帝國馬克，以當時的標準是低得不合理的價錢。後來在黨衛隊領導希姆萊安排下，搬到隔鄰也是屬於猶太會堂建物裡的組織，就是納粹政權最惡名昭彰機構之一「生命之泉」。在這裡，未婚、健康、「血統純正」的未婚婦女遭挑選，直接受指定與特定的優秀「亞利安男性」生育。生下的小孩，將再交由第三方，經過認可的「優秀亞利安家庭」養育。過程皆為匿名，目的僅僅是為了培養優秀的納粹菁英。

46 | 譬如馬克斯·貝克曼，即因政治迫害移居他國。（參見：Haus der Kunst München, 2009）

47 | 然而，達浩爾稍後的作品並未有太多如〈國家社會主義受難者紀念碑〉這樣的模仿現成物的製作，而是一系列稱為「聲石」（Klangsteine）的抽象雕塑作品。參見：達浩爾個人網頁 Atelier Daucher. Elmar Daucher.

第二章　圍牆光譜兩端

01　西方盟國以及西德的說法。東德政府方面則將這場起義定調為「暴動」。

02　此處於 1949 至 1961 年間稱「史達林大街」（Stalinallee），後因去史達林政策而改稱「卡爾·馬克思大街」。此街道上的建築華美，是東德政權投注大量人力及資源所建設的樣板街道，欲藉此證明東德政府在戰後重建的成功。

03　美占區廣播電台並未在廣播中提及總罷工，但仍放送了抗議工人的四點訴求：一、按舊標準支付下一次工資；二、立即降低生活開銷；三、予人民自由且不記名的選舉權；四、不處分罷工者和罷工發言人。

04　布蘭登堡門至柏林工業大學之間，原本稱作柏林大街及夏洛騰堡香榭大道。

05　聯邦總統於 1963 年 6 月 11 日進一步宣布，6 月 17 日為「德國人民紀念日」。從 1950 年代末起，這一天舉行的紀念儀式往往呈現人山人海之景象。然而自圍牆建立後，人們的注意力便稍有轉移。至 1969 年 10 月總理布蘭特上台提出「新東方政策」，開始對東德以及東歐華沙公約諸國友善後，6 月 17 日做為紀念日的吸引力有所衰落。到柯爾上台時，因為基督民主聯盟的保守反共傾向，東西冷戰對立的態勢再度增強，故這個紀念日又出現復興跡象。

06　牌上寫有「致 1953 年 6 月 17 日為了人權、人性尊嚴，為了真理與自由而無所畏懼的鬥士們」（Den Opfern und unerschrocken Kämpfern für Menschenrecht Menschenwürde für Wahrheit und Freiheit 17. Juni 1953）；根據報導，製作該十字架的木頭是未經處理的，在一段時間後皆須更換，加以此處的紀念物在多年後已稍被遺忘，每次紀念活動前通常要經過一番整理。（參見：Kaminsky, 2016: 149; Conrad & Kiesel, 2019）

07　此檢查哨的名為檢查哨 B，然而一如檢查哨 C 被稱作「Checkpoint Charlie」（查理檢查哨）一樣，此地也因其首字母 B 被稱為「Bravo」。

08　此團體名為全俄羅斯人民勞動聯合聯盟，據稱亦設有廣播電台及出版社，但未有太多可靠資料記載，故於暫不表列於正文。（參見：Der Spiegel, 1958）

09　因為市立墓園公共的特性，此處亦集中埋葬有許多納粹政權下的受難者，其中多數為「安樂死受難者」以及部分喪生於普勒岑湖監獄的納粹政權下政治犯。1946 年墓園中立起了一座〈世界法西斯受難者紀念碑〉，但未明確指出加害者、亦確切無受難者的類型；隨後於 1964 年設立的青銅製紀念牌，雖有指出「295 名納粹獨裁的受難者」，但受害者資訊依舊付之闕如，這是西德早期紀念物的普遍現象。而 1961 年後也有柏林圍牆的死難者葬於此地。（參見：Endlich, 2000: 199）

10　此碑於 2019 年 6 月底因為不明的交通事故而完全傾倒毀壞，目前尚未復原重建。

11　受傷於 8 月 19 日，9 月因併發肺炎逝於醫院。參見波茨坦萊布尼茨當代歷史研究中心、德國聯邦政治教育中心等單位共同所製作的「柏林圍牆大事記」網站中的圍牆受難者資料庫：Leibniz-Zentrum für Zeithistorische Forschung – ZZF, Bundeszentrale für politische Bildung, Deutschlandradio & Stiftung Berliner Mauer (Ed.), *Chronik der Mauer*.

12　8 月 22 日時因試圖跳樓前往西柏林，因墜樓時的外傷致死。出處同上。

13　8 月 24 日試圖泳渡邊界時遭射殺。出處同上。

14　現有可供考據參照的有力資料是波茨坦萊布尼茨當代歷史研究中心、德國聯邦政治教育中心、德國廣播電台及柏林圍牆基金會合作下完成的研究計畫〈柏林圍牆死難

者 1961 - 1989〉（Die Todesopfer an der Berliner Mauer 1961 - 1989）資料及網站「柏林圍牆大事記」。

15 | 近年類似的十字架型式尚有由「八一三工作小組」於 2004 年 10 月 31 日設置於查理檢查哨附近空地上的〈自由警世悼念碑〉。因為設立當時已與早年紀念受難者時間有一定時空距離，並且該工作小組是一旁的私人圍牆博物館之創設、營運者，故其設立的意圖與 1960、70 年代的十字架型式紀念碑有差異。然而這個紀念碑計畫卻因為缺乏歷史考證，並且帶有顯著的營利目的（為圍牆博物館吸引遊客），在柏林招致巨大的爭議；然而亦有支持者，不希望此處的十字架遭到移除而進行抗爭。也因為這場爭議，才終於間接催生了市政府針對圍牆紀念的總體規畫，催生了與圍牆博物館的商業性相對的、帶有教育、研究性質的貝爾瑙爾大街段圍牆紀念／資料館，以及針對圍牆死難者的歷史調查計畫。

16 | 現今我們所見的圓柱形的費希特紀念碑，是 1999 年由官方委託藝術家製作的新碑。

17 | 原文為：「Und wenn der Ulbricht noch so tobt, Berlin bleibt frei, wird niemals rot.」。出自「柏林圍牆大事記」網站中的圍牆受難者資料庫，Günter Litfin 頁面：Brecht, Christine (2017). Günter Litfin. In Leibniz-Zentrum für Zeithistorische Forschung – ZZF, Bundeszentrale für politische Bildung, Deutschlandradio & Stiftung Berliner Mauer (Ed.), *Chronik der Mauer*.

18 | 德文語境中稱為「Kunst im öffentlichen Raum」，在 1960 年代時甚至尚未出現此一詞彙，作為藝術領域或文化政策用語。

19 | 德文語境中稱為「Kunst am Bau」。

20 | 因為 VVN 親共產主義分子的路線與西德基民黨執政的政治意識形態不同，部分分部遭到禁止或關閉。也有親基督民主黨分子、社民黨人或反共人士從 VVN 當中分裂出來，於 1950 年組成了「納粹政權受難者聯盟」。參見：Berliner VVN-BdA. *Unsere Geschichte*.

21 | 德國社會主義統一黨是二戰結束後，由蘇聯占領區的前德國社會民主以及德國共產黨在 1946 年 4 月 21 日於蘇聯的壓力下合併組成，目的是為了實現工人政黨陣營的團結。該黨在蘇聯的支持下，於東德實行一黨專政。雖然東德仍有表面上的民主以及許多小黨，但多僅為衛星政黨，無實際的在野黨功能。

22 | 詳細的解散始末可見《VVN 自 1947 至 1953 年的短暫歷史》的第六章。（參見 Georgiev, 2016a: 48-49; Reuter & Hansel, 1997: 445-519）

23 | 參見：Stiftung Gedenkstätten Buchenwald und Mittelbau-Dora. *Nationale Mahn- und Gedenkstätte der DDR - 1940er Jahre*.

24 | 特別營是依據 1945 年 4 月 18 日蘇聯內務人民委員部之首腦拉夫連季・貝利亞頒布之第 00315 號命令，為了「肅清紅軍戰鬥部隊後方的敵對分子」（Säuberung des Hinterlandes der kämpfenden Truppen der Roten Armee von feindlichen Elementen）之目的而設。

25 | 1955 年起直接由德國社會主義統一黨任命的國家紀念館建置理事會成立，做為直通中央的機關主管此事。

26 | 小組成員分別是建築師路德維希・戴特斯、庫爾特・陶森德旬、霍斯特・庫扎特、漢斯・格羅特沃爾（其父為時任東德總理奧托・格羅特沃爾）及地景設計師雨果・南斯勞爾、休伯特・馬特斯。格羅特沃爾與馬特斯則分別於 1954 年及 1955 年退出小組。（參見：Fibich, 1999: 53）

27	拉默特製作這件塑像時是以猶太裔的共產主義者奧加·貝納里奧為範本。（參見：Plieninger, 2012）
28	未能在拉文斯布呂克實現的群像，則由藝術家的孫子馬克·拉默特於 1985 年重新翻鑄，並依照反納粹及反法西斯藝術家約翰·哈特菲爾德生前的排列構想，設置於柏林市立猶太墓園前。出處同上。
29	也因為軍隊的使用，戰後初期的紀念活動一直在奧朗寧堡的市中心舉辦，而非在集中營現地。參見：Stiftung Brandenburgische Gedenkstätten. Dauerausstellung "Von der Erinnerung zum Monument": 1961-1990 Nationale Mahn - und Gedenkstätte Sachsenhausen, *Webseite der Stiftung Brandenburgische Gedenkstätten - Gedenkstätte und Museum Sachsenhausen*.
30	整個薩克森豪森集中營原為更大的三角形結構。今日的紀念館部分為三角形其中一端。
31	這些三角標誌所使用的瓷片產自離集中營所在之奧朗寧堡不遠處的海德維希·博爾哈根陶瓷工坊。（參見：Grote, 2019）

第三章　由民間而起的新歷史運動

01	基督民主黨取得 46.1% 的選票，取得 250 席，然而社會民主黨加上自由民主黨共取下 268 席，超過基民黨 18 席。
02	例如長年在布蘭特手下擔任要職（柏林新聞資訊局長以及國務秘書）的埃貢·巴爾在 1963 年就提出「透過接觸來改變關係」。布蘭特擔任外長期間，巴爾則擔任特使並任職於外交部的政治規畫部門，自那時起開始醞釀準備推出「新東方政策」。
03	霍爾斯坦主義，得名自阿登瑙總理時期的外交部長華特·霍爾斯坦，主要核心精神是不承認德意志民主共和國（東德），也不與東德建交的任何國家（蘇聯除外）建立或保持外交關係。
04	如德波以「奧得－尼斯河線」為界，雙方不得互相侵犯。
05	16 至 29 歲間的青年族群的區間，支持此跪的人為 46%，超過反對的 42%。（參見：Der Spiegel, 1970）
06	「聯邦總統歷史競賽」起初約莫三至四年一次，直至 1986 年起固定為兩年一度的頻率。
07	引用自柯柏基金會聯邦總統歷史競賽網頁。<https://www.koerber-stiftung.de/geschichtswettbewerb/portraet> (2020.04.24)
08	第二屆（輪）於 1977 年起，題目為「日常的社會史」，各年度分別探討工作、居住、休閒等面向，第三屆（輪）則自 1980／81 年度起，該年度題目為「納粹時期的日常 —— 自威瑪共和的終結至第二次世界大戰」。
09	當時的紅軍派是一極左翼團夥，試圖以恐怖行動去剷除他們眼中曾有納粹過往，卻依舊身居要職者，例如施萊爾。
10	引文原文：Statt sich weiter in einer hoffnungslosen Konfrontation mit dem Staat zuverschleissen und eine Revolution zu propagieren, die ohnehin nicht kommen würde, geht es darum Alternativen aufzubauen: Inseln des richtigen Lebens im falschen System.。這個會議的起頭來自於柏林的「自主份子」，他們在光譜上較

傾向無政府主義。「Tunix」帶有無所事事的意思，另一方面也是在玩文字遊戲，隱含有如果你什麼都不做（tue nichts），就什麼也辦不到（macht nichts）。當年在「德意志之秋」後，左翼運動的群體大受打擊，「Tunix」意圖提出新的方案。當年的活動共持續三天。（參見：Der Spiegel Geschichte, 2008）

11 | 亦稱為「新社會運動」。

12 | 這個會議留下來的遺產，至今還深刻地影響著德國社會：譬如當初會議上討論的成立左翼報紙，即為今日的《日報》；當時希望成立的生態主義政黨，1978 年底先以「民主與環保的另類名單」投入選舉，是國際性政黨「綠黨」的前身（1980 年更名為「綠黨」）。其他成就還包括了同志運動、友善環境的食品商店、生態農莊、青年文化中心等等。

13 | 這個名字借自當年瑞典親左翼黨的「馬克思主義社會研究中心」年年舉辦的活動「斯德哥爾摩人民大學」。發想出這個名字的則是共同創辦柏林人民大學之一的沃夫岡・弗里茨・豪格。柏林的「人民大學」起初固定於每年 5 月的聖靈降臨節舉辦，後來也逐漸延伸出整年度的計畫。

14 | 德國的歷史工作坊運動並非完全是素人運動，其中包含有一批不滿於學院過往歷史研究型態的年輕學者。此外也隱含了經濟因素。根據珍妮・芙斯騰貝格的研究，當時的歷史科系學生大量增加，卻不存在相應的就業機會，學院能提供的位置亦有限，故歷史工作坊成為這些青年歷史學者實踐自己所學的地方。同時，當政府發現歷史工作坊所提供的活動對民眾有吸引力，就逐漸想辦法給予補助，吸納他們成為政府活動的一環，運用於城市慶典或者旅遊項目等等。這也間接導致後來的記憶政策觀光節慶化。除了計畫類型的補助，當時政府的〈就業機會創造措施〉政策性地補助在這些年輕史學者身上，亦等於間接資助了歷史工作坊。

15 | 柏林歷史工作坊與藝文領域亦有深厚連結，譬如身為創始成員的克布斯亦身兼柏林藝術高等學院（今柏林藝術大學）的教職。

16 | 出自〈現在就讓我們自己把歷史掌握在手裡 ── 關於柏林歷史工作坊的創建〉。（參見：Kerbs,1982）

17 | 1984 年的「歷史節」（集結全德歷史工作坊的活動）也特別設有英國歷史工作坊運動的討論活動。

18 | 出自湯普森 1966 年發表於《泰晤士報文學增刊》的文章〈來自底層的歷史〉。

19 | 創辦「柏林人民大學」這項活動之一的沃夫岡・弗里茨・豪格，當初亦自瑞典借來了這樣的概念，顯見當時西德的進步左翼思想以與瑞典有著密不可分的關係。

20 | 「挖掘苦根」此陳述尚無法找到當時在中國確切對應的運動或事件。筆者猜測「挖掘苦根」對應的可能是「憶苦思甜」或「兩憶三查」運動，然而這些運動都不僅只是歷史考掘運動，較常是意識形態先行。

21 | 「赤腳醫生」名稱始於 1968 年《文匯報》記者到上海川沙縣江鎮公社採訪的調查報告，其舉措卻是大躍進期間中國政府為長遠地解決城鄉醫療資源落差的問題，組織城市巡迴醫療隊下鄉和培訓農村半農半醫生。這些半農半醫者即為「赤腳醫生」前身。鑑於林奎斯特在中國的期間尚無「赤腳醫生」這樣的稱呼，卻在 1978 出版的《挖掘你所在之處：如何研究你工作的地方》提出「赤腳歷史學家」的稱呼，很有可能是林奎斯特將後來的閱讀以及在中國短暫的經驗結合在一起的結果，也不排除有誤讀或浪漫化的可能性。當時中國正在大躍進時期，不僅工業生產，藝文方面

也推動了文化方面的大躍進——人人寫詩，村村有李白等運動。林奎斯特寫到，其中一個被他觀察到的是對農村史、工廠史以及部隊史的書寫。他提及在他的觀察中，新進到工廠的工人，除了需要學習操作的技術，也會有人帶著他們了解這座工廠的歷史。先不論西方的左翼是否戴著玫瑰色的眼鏡看待中國大躍進乃至文化大革命的系列舉措，但這確實是觸發了他想到透過集體對周遭事物探索的想法。林奎斯特的主張是，歷史不是死的，而是一直活在我們的身體以及社會當中，以另一種方式留存並呈現出來。「赤腳醫生」相關資料參見：方小平，2003，頁89-90。

22 寫成了《陰影：70年代拉丁美洲的臉孔》這本書。

23 德文版《挖掘你所在之處：研究自身歷史的指南》的翻譯除了原書內容外，還加上了曼弗雷德．丹邁爾補充當時德國歷史運動一些現況的內容。

24 「新歷史運動」是由《明鏡週刊》在1983年所提出，用以描述歷史工作坊在各地興起的狀況。（參見：Der Spiegel, 1983: 36-42）

25 在柏林歷史工作坊中，宋雅．米爾騰貝格長年以來一直負責檔案庫與圖書室的歸檔、分類與蒐藏等工作。訪問日期：2019年4月23日，訪問地點：柏林歷史工作坊，受訪者：宋雅．米爾騰貝格、斯蒂范．安特扎克。

26 此描述大致符合當時女性仍較難以在學院或者是高等教育當中立足的境況，故轉而另闢新徑到歷史工作坊運動去。

27 創始成員迪特哈特．克布斯就出版了《柏林佔屋媒介包1981／1982》，裡面蒐集了占屋運動中自文件記錄、海報至宣傳單等物品。克布斯也在〈現在就讓我們自己把歷史掌握在手裡——關於柏林歷史工作坊的創建〉一文中提及，建立關於社會運動的歷史檔案也是歷史工作坊的任務之一。

28 由柏林歷史工作坊成員約根．卡維拉和伯恩哈特．穆勒等人組織的工作小組策劃。

29 需要特別提及的是，雖然「移動博物館」計畫也始於柏林建城750年紀念節慶的同一年，但是歷史工作坊的這項計畫並未獲得任何官方的預算或者補助。

30 「移動博物館」首個展覽計畫始於1987年。爾後還有許多不同主題的展覽，甚至參與抗爭。最終，「移動博物館」遭到有心人士破壞，難以修復而壽終正寢。（參見：Miltenberger, 2011）

31 「另類城市導覽－『帝國首都柏林』今何在？」活動舉辦於1月29日，以投影片放映的形式，介紹當時尚未廣於人知的「蓋世太保地段」。

32 「Gestapo」（蓋世太保）為納粹時期的祕密警察「Geheime Staatspolizei」的縮寫。

33 迪特．霍夫曼－亞克瑟翰是早期發現這塊地皮以及埋藏於其中的歷史，並致力於傳播這些資訊的人之一。當年發表在建築雜誌《ARCH+》上的文章〈從處置毀壞的城市歷史談起〉是在「Tunix」大會之後，詳盡提及「蓋世太保地段」歷史的一篇撰述。（參見：Hoffmann-Axthelm, 1978: 14-21）

34 參考自行動博物館協會前主席克利斯汀．費雪－德佛的說法。（Führer & Fischer-Defoy, 2012）

35 當時名列「法西斯與反抗的行動博物館協會」創始的會員團體，就有偏藝文屬性的柏林文化參議會、柏林視覺藝術家職業工會、柏林新視覺藝術協會，或者柏林歷史工作坊、納粹政權受難者聯合會以及其他泛屬當時新社會運動光譜中的團體，像是

女權運動的民主婦女聯盟、同志運動中的同志行動聯合小組等等。顯見對於「蓋世太保段地」的關注是不分領域且有社會集體代表性的，畢竟當年在納粹的暴政之下的受難者，涵蓋了整個當時的德國社會。而早期「行動博物館協會」的對外呈現文書或出版品上，總是以多個創始團體名稱並列的方式呈現，強調其為一個「聯盟」的意味濃厚。

36 雖然同樣採用了「法西斯」這個概念，與東德政權下所塑造的「反法西斯」樣板差異在於，東德政權致力於英雄化「反法西斯鬥士」但同時卻未明確顯示加害者是誰；相對來說，行動博物館協會則自始即著力於考掘加害者（「法西斯」）究竟是誰？其真實面貌以及運作的機制為何？

37 最終公告的事項除了上述訴求外，還增列了圖書館、影音媒體室和研究中心。（參見：Endlich, 1988: 14）

38 引自與行動博物館協會研究專員卡斯帕·紐倫堡的訪談。訪問日期：2019 年 5 月 7 日，訪問地點：行動博物館協會辦公室。

39 此引文出自 1983 年 5 月 4 日柯爾的國會報告（Deutscher Bundestag, 1983: 73）。柯爾最早公開發表建立德國歷史博物館，是在 1984 年 5 月 4 日的政府報告。當中提到，柏林是東西關係的試金石，而這也是一項德國的任務，故強化柏林的活力、吸引力是首要任務，而柏林豐富的文化財，諸如劇場、音樂、博物館等，更是他得以跨越東西邊界的重要因素。循此思維，柯爾於是希望藉柏林建城 750 周年之際，讓德國歷史博物館可以同時建造完成，敞開大門迎接參觀者。最初規畫的地點，是現今聯邦政府所在處的施普雷河灣。

40 抗議活動為 1987 年 10 月 28 日時的奠基典禮時發起，並以「移動博物館」為形式展出。（參見：Schlusche, 2018: 119-125）

41 因未獲任何補助，原本為展覽「千年柏林——一項遺產的處置」所整理的資料，最終只能集結冊印刷發表。協會則要一直到 1990 年之後，才獲得柏林市政府的機構補助，在此前一直是完全以協會會員會費和捐贈獨立生存的團體。

42 在這個日子進行挖掘行動的另一個背景是，當時同一天總理柯爾偕美國總統雷根參訪比特堡一處軍人公墓，並獻花圈致意，然而該處除了陣亡將士以外，也埋有納粹武裝親衛隊成員 43 人，而且美國國會眾議院當初是 390 比 26 的票數，反對這項參訪的。參見：Hospes, Ulrike. Besuch des US-Präsidenten Ronald Reagan in Deutschland. In *Geschichte der CDU. Konrad-Adenauer-Stiftung e.V.*

43 主要在議會裡發聲的是「民主與環保的另類名單」的市議員。

44 當時主展覽的展場位於馬丁－葛羅皮烏斯展覽館，展覽名為《柏林·柏林》。開幕日為 1987 年 7 月 4 日。挖掘工作則主要由市府的文化市政參議員主導，委由羅伯·法蘭克帶領的團隊於前一年的 7、8 月進行。開挖工作除了要確保既存的歷史遺跡可以受到保護以外，該地上的廢料場及小型賽車場也必須遷出。此挖掘工作成為後續展覽的基礎。（參見：Endlich, 1988: 1-7）

45 當時的政府當局始終與「蓋世太保段地」上的各式活動與舉措保持距離，即使是建城 750 周年的子展覽《恐怖地誌》開幕時，也僅有文化市政參議員佛克·哈瑟默到場參與。比起同在建城 750 周年紀念的其他項目動輒百萬德國馬克的經費，《恐怖地誌》卻只有寥寥可數的金額，並在主持計畫的呂路普之外，只能負擔兩名學術研究員的開銷。相對的，觀展人數卻平均每周可達 3,000 人左右。（參見：Endlich, 1988: 10-13）

| 46 | 這檔展覽能夠在東德展出，是 1988 年時在東德文化部長漢斯－約阿希姆・霍夫曼的邀請下所促成的。東德的民眾自 1989 年 2 月起得以在東柏林的市立圖書館觀展，隨後則移展至布痕瓦爾德國家警醒與紀念館以及布蘭登堡紀念館（薩克森豪森集中營紀念館）展出。據媒體《日報》報導，在首個展期間的 2 月，單月就有 6 萬人次參觀的紀錄，最終總計有 14 萬人次的參觀數。且首批的 900 本展覽圖錄於展出首日的三個半小時內即銷售一空，最終共 7,000 冊的印量也售罄。這顯示了當時東德民眾對於這些歷史考掘內容的高度興趣。（參見：taz, 1989; Kühling, 2019: 10-19） |

| 47 | 1992 年成立時基金會仍是非獨立基金會，至 1995 年改為獨立基金會後，才擁有由基金會自身進行決策、承擔責任及締結和約等效力。德國的公法基金會由國家通過法律而建立，故以「恐怖地誌基金會」而言，皆有獨立的專章法條規範其預算、責任及義務等。而大多德國透過法律建立的公法基金會，大多與歷史處置、考掘或紀念有關，其次則為藝文方面的工作。 |

| 48 | 《一再如此？1945 年起柏林的極右翼與反抗勢力》於 2019 至 2020 年 3 月，巡迴了八個不同的場地，舉凡大學、社區中心、區政府或教堂等等。（參見：apabiz e.V. & Aktives Museum, 2019） |

第四章　統一後的新德國

| 01 | 以色列猶太大屠殺紀念館，為以色列官方設立的猶太大屠殺紀念館，1953 年通過的《猶太大屠殺紀念法》為設置法源，1961 年後各館逐一落成。後來影響到日後〈歐洲被害猶太人紀念碑〉的設置，當中的許多概念和設施，也確實多少都帶有以色列大屠殺紀念館的影子。（參見：Hewel, 2005） |

| 02 | 此電台為冷戰下的產物之一，起因於蘇聯占領方拒絕給予西方駐柏林的單位放送的時間，以美國為首的西方占領盟國於是著手在柏林創設自己的電台。 |

| 03 | 羅許還曾因為這樣的指控與他人對簿公堂。（參見：Steinberger, 2010） |

| 04 | 此名字可追溯至舊約聖經中被認為是猶太人先祖的角色。 |

| 05 | 聲明共有兩版，僅刊登時間不同。《法蘭克福評論報》和《日報》的版本於 1989 年（參見：Perspektive Berlin e.V., 1989） |

| 06 | 包括前總理布蘭特、名歌手ικ悟道、劇作家海涅・穆勒、作家葛拉斯與克里斯塔・沃爾夫、藝術家克勞斯・史戴克等兼具知名度以及實際社會影響力的名人。 |

| 07 | 與歐洲被害猶太人紀念碑基金會副執行長烏里希・鮑曼的訪談。訪問時間：2020 年 1 月 23 日；地點：基金會會議室。 |

| 08 | 此次競圖，聯邦政府的負責單位為內政部，柏林市方面則由建設與房產局為實際的市市代表與競圖的執行單位。 |

| 09 | 委託方也同時依自己的意願與喜好，邀請了 12 組國際知名的藝術家，一同提案參加競圖，並給予每組五萬德國馬克的獎勵。（參見：Heimrod, Ute; Günter & Horst, 1999: 183） |

| 10 | 〈死亡賦格〉為猶太裔德語詩人保羅・策蘭的詩作，該詩描述了猶太人的處境及大屠殺的慘況。 |

11	按計畫預計會有譬如塞拉或波坦斯基的作品。
12	藝術家克里斯蒂娜‧雅各－馬克思、賀拉‧羅爾弗斯、漢斯‧賽柏與萊茵哈特‧史丹爾三人所共同製作的提案,被紀念碑促進協會選為推薦執行方案。
13	參見:Stih & Schnock, 2005; Heimrod et al., 1999: 286。在文件展示區將會有互動的影音資料可以供參觀者在等待期間操作,同時也有實體的文件資料可供拿取,並且在巴士上閱讀。
14	譬如與辛堤、羅姆人以及「安樂死」受難者相關的場址,亦被納入在巴士的路線圖中,與此紀念碑徵件計畫設定僅紀念猶太人的意旨相違背。
15	此指兩德統一之後新一波的排外主義攻擊,而這些攻擊在當時的移民社區,包含土耳其裔、越南裔等等所居住的地方層出不窮。
16	分別舉行於 1 月 10 日、2 月 14 日及 4 月 11 日。
17	國家社會主義受難者紀念日為 1 月 27 日。1945 年的此日為蘇聯紅軍解放奧許維茨集中營的日子;1996 年在時任聯邦總統羅曼‧荷索的公告下,訂為國家社會主義受難者紀念日。
18	第二次的研討會中,退席的學者分別為秀柏斯、薩拉曼德與孔恩。
19	其中比較知名的事例之一,是《明鏡周刊》創辦人之一魯道夫‧奧格斯坦撰文,將此紀念碑計畫形容為「恥辱碑」(Schandmal),並稱:「現在要在我們重獲的首都柏林中心用一座悼念碑,紀念我們那不間斷的恥辱。這種處理過去的方式,想必對其他國家來說也是陌生的」以及「人們感到,這座恥辱之碑是針對首都以及在柏林重組的德國的反對」。此外,政界反對的聲音也不在少數,譬如柏林市長迪普根認為柏林不該成為「懺悔的首都」(Hauptstadt der Reue)。(參見:Augstein, 1998: 32-33; Langer, 2015a: 314-317)
20	參見:Heuwagen, 1997。此外,社民黨的國會議員孔拉迪在第二次的研討會上提出了警告,認為這種「批判地點或者是其他方案者,是在阻擋紀念碑的興建」的想法,會對內容的討論有害。
21	五人評委團原本挑出兩組提案——艾森曼與塞拉/魏因米勒——作為最終競爭者,然而委託方代表對兩案都不滿意,故又增加了兩組方案——李柏斯金/約亨‧蓋茨——進入最後的評選。(參見:Endlich, 1998: 9-10)
22	致詞演說原文:[…] es ist eine bauliche Symbolisierung für die Unfasslichkeit des Verbrechens。引言出自政府檔案:Thierse, Wolfgang (2005). Rede von Bundestagspräsident Wolfgang Thierse zur Eröffnung des "Denkmals für die ermordeten Juden Europas" am 10. Mai 2005 in Berlin.
23	這個過程實際上亦違反了評選競圖的程序,因為只要最終確切的方案未正式發表,其它進入最終評選回合的三件提案就也尚未出局,但就在其它提案皆被正式拒絕之時,委託方卻不斷地僅與一組提案交換意見並進行設計內容上的修改。
24	後來定案從 4,000 座方碑減到 2,700 座左右,高度則從原先高出地面 5 公尺多(7 公尺高的方碑會有一部分是設置在較深於周遭地表的中央凹陷區內),改為不高於路平面 1.4 公尺。因為這些更動,符合了促進協會自始對紀念碑的想像,於是原本較支持李伯斯金方案的協會也轉而站在柯爾那一方。(參見:Endlich, 1998: 8-9)

25	往後，凡聯邦層級的紀念碑及紀念館，皆屬於聯邦政府委任文化與媒體代表轄下的事務。在此前，聯邦政府的架構內未有主管文化事務的機關，因為文化與教育等事務是地方事務，基於「文化邦聯主義」與「（各邦的）文化主權」，各邦在各自的邦憲法中對於文化事務的詮釋各有不同，故中央的聯邦也未能干涉這些運作。聯邦政府委任文化與媒體代表則起了一個頭，作為聯邦政府自此開始欲涉入「國家層級」的文化事務運作，而國家級紀念碑／館舍的設置就是這個職位行使職權的第一步。
26	瑞曼在《每日鏡報》1998 年 12 月 21 日的訪問中表示，至當時為止，尚未有他認為合適的紀念碑設計。艾森曼的設計僅是一種美學的姿態（ein ästhetischer Gestus），只能觸發對事件仍有記憶的人。他認為 50 年之後，這類紀念碑所帶有的歷史圖像意義，就僅有專業者得以從中解讀。至於紀念的方式，他認為光是警醒、悼念碑（Mahnmal）並無法承擔所有的紀念工作，而應該是以博物館、以一種「思考的處所」（Denk-Stätte）來代行整個社會紀念的功能。（參見：Naumann & Tagesspiegel, 1998）
27	參見：Stiftung Denkmal für die ermordeten Juden Europas. *Stelenfeld und Ort der Information*.
28	參見：Endlich, 2001: 11。由於材質上的缺失，碑柱區在設立不久後就出現方碑龜裂的狀況，並有一座方碑完全無法修復，只能移除，並交由原生產公司分析問題所在。目前也有多座方碑暫以鐵箍作為應急措施保護；《每日鏡報》則提及，2016 年時，共有 44 座方碑有嚴重裂縫，當時已選出 15 座採取注入人工修補材質的方式修復。（參見：*Süddeutsche Zeitung*, 2014; Lackmann, 2016）
29	「資訊之地」的四個展室「維度之間」（Raum der Dimensionen）、「家族之間」（Raum der Familien）、「地點之間」（Raum der Orte），與「名字之間」（Raum der Namen），不無仿效以色列猶太大屠殺紀念館的意味，特別是「名字之間」。而「名字之間」展示中的受難者姓名，亦來自以色列大屠殺紀念館的資料。
30	這項決議後來也具體化為《歐洲被害猶太人紀念碑基金會設置法案》當中第 2 條的基金會目的。國會的決議於 1999 年 6 月 25 日通過，法案則於隔年的 3 月 17 日制定完成。
31	1992 年時，聯邦政府便已曾同意內政部的建議，設置一座納粹對辛堤及羅姆人種族屠殺紀念碑，卻在種種原因下擱置。
32	連帶另外一個專責對納粹時期強迫勞動的受難者進行賠償的「記憶、責任與未來」基金會，初始雖有各國代表，未有國家實體的辛堤與羅姆人卻沒辦法在董事會之中擁有席位，經過漫長的抗議，直到 2016 年 11 月 15 日起，才設置了一席代表。這樣的事例顯然是將國族作為歷史反省、處置與轉型工作中依據的極大缺失之一。
33	真正起建、封鎖邊界的日子，是 1961 年 8 月 13 日，但所有的圍牆段皆是陸續修建、甚至改建完成。
34	「沒有人有蓋起圍牆的想法」（Niemand hat die Absicht, eine Mauer zu errichten），此語為烏布利希在 1961 年 6 月 15 日關於和平條約及西柏林問題的國際記者會上，對媒體關於東西德界線提問的回話。兩個月後，柏林圍牆即起建。
35	位於貝爾瑙爾大街段的圍牆紀念館，雖然今日已是柏林市乃至聯邦層級官員在紀念東西德分裂歷史時，於紀念日儀式必定造訪之處，但最初此地甚至是在民間志願者的工作基礎上，以及非常態性的計畫資助下才得以設立的。由此館事例，可見圍牆

倒塌初期之紀念工作所受到的忽視。

36 　《柏林圍牆紀念整體計畫書》發表在 2006 年，由柏林市府學術、研究及文化部門所委任的工作團隊製作。

37 　〈圍牆地帶的魯冰花〉為在圍牆死亡帶撒下十大桶的魯冰花種子。此提案由曼孚雷‧布茲曼與安娜‧弗蘭齊斯卡及彼得‧施瓦茨巴赫共同合作發起。

38 　這項計畫由市府的學術、研究與文化局的委託，由「柏林歷史與當代論壇」這個團體負責執行，團體成員包含東西柏林的歷史學者、文化政策工作者、建築師、設計師及藝術家共組。

39 　參考：與赫嘉‧李瑟進行的訪談，訪問時間：2019 年 7 月 8 日；地點：赫嘉‧李瑟工作室之會議空間。

40 　正是訪談當年（2019 年）夏季。同前註。

41 　這個檢查哨的名字實為檢查哨 C，故被暱稱作「Checkpoint Charlie」（查理檢查哨）。

42 　原文為：Das tritt nach meiner Kenntnis… ist das sofort, unverzüglich

43 　藝術史學者施密德在論及此事的同時，引用了西格爾‧溫德蘭 1986 年的著作《柏林幽靈列車》裡記述的，一對帶狗的夫婦在佩特‧費希特的紀念十字架前拍照。（參見：Schmidt, 2009: 171）

44 　原文為：So nahe wie möglich am Unrecht sein, dort entfaltet sich die menschliche Größe am stärksten。參見：Das Mauermuseum-Betriebs GmbH. Das Mauermuseum hat Geschichte mitgeschrieben.

45 　在匈牙利、捷克與波蘭都有這類的館舍存在，譬如布達佩斯的恐怖之屋、布拉格的共產主義博物館，展陳的空間往往缺了史料考究，但是鋪陳著濃烈的情緒。

46 　2000 年前後，柏林由紅綠聯盟執政時，再由東德政黨轉型並加入西德左翼群體的民主社會主義黨（今日的左翼黨）亦於市府有一定的影響力。當時的圍牆博物館以及其親近人士就一度擔心，一旦民社黨人出任文化相關要職，是否將對該館不利。

47 　此重新打造的哨站於 2000 年的 8 月 13 日，柏林圍牆興建週年揭幕。在希爾德布蘭過世後，這只哨站內甚至掛紀念他的肖像和文字，同圍牆博物館入口處他的雕像，不免讓人有喧賓奪主感。

48 　直到 2019 年 8 月起，柏林市腓特烈斯海因－十字山區政府明令禁止在該處扮演士兵。至於布蘭登堡門所在的米特區，過去也曾有這類街頭藝人，但米特區早已於 2014 年禁止這類表演出現。

49 　「舞蹈工廠」負責人魯斯才以一只 2003 年柏林市府的信函聲稱，這項表演是自始被視為「公共使用」而允許的。有趣的是，柏林市府也是 2003 年時開始於五一勞動節抗爭最激烈的十字山區舉辦「MyFest」活動，用節慶化的方式將基進強的社區改頭換面，恰與這只信函約莫同時。（參見：Pfaff et al., 2019; Goldstein, 2019）

50 　名為「衛星」的東德經典款人民車，包含不同改款但外觀差異不大，一般被暱稱「特拉比」。

51 　即便如此，東邊藝廊上的壁畫依然難逃被塗鴉覆蓋，然後又再修復的過程。

52 　始於 1977 年，策展人為克勞斯‧布斯曼與卡斯柏‧柯尼希。展覽的緣起是 1974 年時，

敏斯特藝術諮議委員會購入喬治‧瑞奇的動態雕塑作品〈三個旋轉的方塊〉（該作為敏斯特第一件露天陳設的現代雕塑創作），經由媒體披露而招致市民抗議購置作品的開支、批判委員會權力以及藝術品味的事件。布斯曼身為前述委員一員，對於如何和民眾溝通關於現代藝術的一切念茲在茲，故邀來柯尼希共同策畫一場彷若給敏斯特市民現代藝術入門課程的展覽《雕塑》。展覽的其中一部分邀請了九名藝術家進行現地製作，並已十年一度的頻率延續至今日，自此發展成為了全名《敏斯特雕塑計畫》的敏斯特雕塑展。

53　關於作品細節詳可見雜誌《藝術論壇》在第 116 期中對哈克的訪問。（參見：Haase, 1991: 314-321）

54　雖然該處早已被判斷為具極高價值的地段，然而戴姆勒公司自身則將此描述為圍牆倒塌前的風險投資以及該公司卓絕的眼光。網站中他們自述，該公司自 1989 年的夏天即對此空間有興趣，並將此投資描述為「在當時仍極具風險之舉」，並認為「當時尚無人能預見到柏林圍牆的倒塌、城市聲望的提升以及柏林恢復作為國家首都的地位」。（參見：Daimler AG. "You can leave your hat on"—Haus Huth on Potsdamer Platz.）

55　原文：Was haben HIPPOS und dieser Bus gemeinsam? Sie fahren mit MERCEDES Motoren durch Wohngegenden。（參見：Matzner, 1994: 26）

56　1980 年代時，梅賽德斯－賓士也賣給伊拉克直升機、軍用車輛等等。

57　哈克於《自由的有限性》展覽手冊中提到，當時賓士贊助了德勒斯登建築的修復以及安迪沃荷的展覽。

58　全名為「『處理德國社會主義統一黨獨裁政權之歷史與後果』調查委員會」。

59　參見《「處理德國社會主義統一黨獨裁政權之歷史與後果」調查委員會報告》，1994 年 5 月 31 日於國會發表。（Deutscher Bundestag, 1994）

60　引言出自《調查報告》的「國家和社會尚需努力之處」（Handlungsbedarf für Staat und Gesellschaft）段落。

61　指柏林－霍亨旬豪森監獄。

62　引言出自《調查報告》的「超克過去與打造未來」（Vergangenheitsbewältigung und Zukunftsgestaltung）段落。

63　於調查報告中指名的地點，包含霍亨旬豪森、包岑、托爾高。其中，包岑可以稱得上是前文所提及之歷史層疊之處，這裡過去曾是納粹監獄，也曾在蘇聯占領時期用來審訊及關押政治犯之處及特別營。東德建立後，包岑一號監獄接收了蘇聯占領時期就關押的 6,000 名政治犯，隨後因其關押條件的不人道而著稱；包岑二號監獄則是惡名昭彰的國家安全局特別看守所（1956 至 1989 年），被暱稱作「史塔西監獄」（Stasi-Knast）。批評政權者、來自西德的囚犯、間諜或具有特殊地位的罪犯，都被獨立出來關押於此。另外，托爾高則於東德時期設有「禁閉青少年工作中心」，是東德的青少年福利體系下的規訓懲戒機構，而實際上卻是一「再教育機構」（Umerziehungsheim），目標是使這些青年願意服從「社會主義生活規範」（sozialistische Lebensnormen）。然而多數被關押的青少年皆既無刑事犯罪紀錄，亦無實際上具文的司法判決。

64　唯一的例外是在澳洲伯斯，1982 年先是豎立銅像，並於 1998 年 6 月 26 日的聯合國「支持酷刑受害者國際日」當天，獻給所有酷刑下的受難者，以此做為紀念。

65	由時任德意志銀行董事的米歇爾‧費恩霍茲發起的募款。他在一次夏洛滕堡宮舉辦的展覽中看到〈呼喚者〉這件作品並深受吸引，於是決定與友人等發起募款，並投入巨大心力與市府交涉，才得以設置於當時仍是圍牆前的現址。
66	最著名可屬〈世界樹〉、〈世界樹 II〉等兩件分別繪於蒂爾花園車站及薩維尼站的大型壁畫作品。此外，瓦金還成立「樹木贊助者協會」。
67	1950 年代末，在他仍是柏林藝術高等學院（現為柏林藝術大學）的學生時，校區中庭一棵歷經戰火殘存下來的銀杏樹，對他有重要的啟發意義，他將其視為希望的載體。
68	協會全名：1953 年 6 月 17 日人民起義紀念碑促進協會。
69	譬如「人狼」便是遭宣告抓捕的其中一個組織。（參見：Bundesstiftung zur Aufarbeitung der SED-Diktatur, 2020: 20-21）
70	根據《柏林日報》的報導，一位見證者弗里茨‧瑙約克斯在紀念碑揭幕時出席，並證言他在 16 歲時，只因為唱了一首嘲諷史達林的歌曲，便以反革命宣傳之罪遭到逮捕，並受軍法判處 20 年的刑期（關押 9 年後獲釋）。（參見：Strauss, 2005）
71	分別為主責柏林市文化局的市議員湯瑪斯‧弗利爾，以及該區所屬的潘科區文化主責區議員阿爾穆特‧聶寧一維努斯，兩人所屬政黨正好都是原東德國社會主義統一黨民主轉型後的政黨「民主社會主義黨」（現名為左翼黨）。
72	於 1993 至 2018 年間任職於該館。
73	初設碑時為 51 個，爾後隨著歷史事證的考掘以及歐洲在 1990 至 2000 年代間的國家版圖變遷，名字的部分因而有所修調。
74	參考：Hoheisel & Knitz, 1995。該裝置由威瑪市的城市公共事業部門（管理城市的公共需求，如水、電、燃氣、交通、數位網絡等）捐助加熱的必要費用開支。
75	因難以辨識之故，所以並無法給出確切數字。
76	負責的建築師為恩斯特‧薩格比埃爾。納粹上台後，他隨即加入成為納粹黨成員，出自其手的知名作品還包括柏林市的舊天普霍夫機場。
77	草案原名為〈和平對於人類文化發展之重要性，以及為之奮鬥的必要性〉（Die Bedeutung des Friedens für die kulturelle Entwicklung der Menschheit und die Notwendigkeit des kämpferischen Einsatzes für ihn），而對其草案的美學形式及政治性進行指點修改的為時任德國社會主義統一黨第一書記烏爾布里希和總理格羅特沃，前後一共修改六個版本才定案，並引發林納於致烏爾布里希書信中自我指責思想怠惰、適應能力不足、長年的流亡造成的對（德國）環境之陌生以及對於過往的桂冠榮耀之安逸，並認可烏爾布里希對他的批判。
78	於馬克斯‧林納基金會的網站上可見林納早期巴黎的壁畫作品手稿以及柏林壁畫作品的第一版草稿。（參見：Max-Lingner-Stiftung）
79	1996 年 9 月座談會後，隔年正式舉辦公開藝術競圖，並於 1998 年 11 月 23 日公布競圖結果。（參見：BauNetz, 1998）
80	當時受到評審委員一致認可的首獎為卡塔琳娜‧卡倫貝格的作品，然而最終受到當局採用的，卻是沃夫岡‧魯佩爾獲得第二名的方案。（參見：De Paez Casanova, 1999）

| 81 | 紀念碑選址為威廉·洛伊許納廣場。此紀念碑已完成競圖與評選程序，但於截稿前仍處建造的前期程序中。 |

第二部　記得的方法

第一章　紀念的分類與否？

01	《聯邦賠償法》1953 年版的法條原文中註明，有權請求賠償者為「在 1933 年 1 月 30 日至 1945 年 5 月 8 日之間（受到迫害之時間），因反對國家社會主義的政治信念或由於種族、信仰或世界觀之因，而受到納粹暴力的迫害（受到迫害之原因），從而對生命、身體、健康、自由、私有物業、資產造成損害或對其職業或經濟上的發展造成損失者（受迫害者）」。（參見：Bundesministerium der Justiz, 1953）
02	其根據為 1942 年底的《奧許維茨公告》，隨之於 1943 年 3 月有針對辛堤與羅姆人往奧許維茨集中營的大規模遣送，其人數達 2 萬。（參見：Scriba, 2015）
03	布蘭特當為猶太裔的共產黨成員，納粹時期他因反抗運動被關押於集中營，終戰後成為法西斯受難者委員會的成員以及柏林地方區領導的祕書。「六一七起義」之後，他與黨的路線逐漸浮現分歧，並促使他流亡至西德，然而 1961 年他卻遭東德國安局「史塔西」綁架回東德並監禁。最終在國際的救援運動下獲釋並回歸西德。晚年他則參與了綠黨的創建工作。
04	原文如下：Wir gedenken heute in Trauer aller Toten des Krieges und der Gewaltherrschaft. 後文引用同樣參見：Von Weizsäcker, 1985。
05	原文如下：Die Bundesrepublik Deutschland bleibt verpflichtet, der anderen Opfer des Nationalsozialismus würdig zu gedenken.（參見：Deutscher Bundestag 14. Wahlperiode, 1999b: 23-24）
06	在納粹時期，刑期最多提高到 5 年，並最高只能將 3 個月的刑期易科罰金，在「男性間情節重大的淫猥行為」（schwere Unzucht zwischen Männern）則可達 10 年刑期。甚至單憑客觀上違反德國人道德觀感上的「性別關係中的羞恥感」（das Schamgefühl in geschlechtlicher Beziehung）或主觀上帶有「淫慾之意圖」（wollüstige, libidinöse Absicht）即可定罪。（參見：Burgi, 2016: 19-20）
07	由出身丹麥的麥可·艾默格林和來自挪威的英格·德拉塞特所組成。兩位藝術家皆公開其男同志身分。
08	在刑法上，當時確實明訂有對男同志的處罰，然而許多歷史研究亦顯示，當時的女同志不僅被排除於公共生活之外，且經常被以迂迴的方式間接入罪。因此，女同志群體所遭遇的可說是一種隱性的迫害。（參見：Louis, Chantal (2007). Die Zeit der Maskierung. In *Emma*, Ausgabe Januar/Februar 2007）
09	參見《日報》記者對藝術家的文章及訪談：Schwab, Waltraud (2006.03.28). Das Mahnmal der anderen Seite. In *taz*.
10	董事會包含猶太人中央委員會、柏林猶太人社群及猶太博物館等代表。
11	經過漫長的抗議，辛堤與羅姆人直到 2016 年 11 月 15 日起，才設置了一席代表。

12 | 增加葉尼緒人的起因則在於，後續成立於 2006 年的德國與歐洲葉尼緒人聯盟，也加入到〈辛堤與羅姆人紀念碑〉的討論之中，同時也提出聯盟自身版本的年表碑文。引言與年表參考：Die Bundesregierung: Denkmal für die im Nationalsozialismus ermordeten Sinti und Roma Europas. Die Chronologie des Völkermordes im Wortlaut；德國與歐洲葉尼緒人聯盟新聞稿出處：Jenischer Bund in Deutschland und Europa e.V.

13 | 官方正式的政策執行是從 1939 年 9 月到 1941 年 8 月，但是在非官方層面則一直到 1945 年納粹德國政權瓦解前，都還有類似的「安樂死」被執行。參見：Langer, 2015b: 223-225; Bundeszentrale für politische Bildung, 2019。

14 | 馬丁·尼莫勒牧師也就是曾說出廣為流傳的〈我沉默了〉該段話的人。此段話有許多不同的版本流傳，可能因流傳者的需求而套上不同的角色。牧師曾說，這並非一首詩，而是布道時的發言，他也未留下手稿或記錄，甚至有可能自己就有過各種不同的措辭。基本上各種版本大致上並不違背尼莫勒牧師的原意核心，亦即：因為沉默不發聲，大部分的德國人淪為納粹暴行的共謀，且最後自身亦陷入無可挽回的境地，藉以告誡人們勇敢發聲，特別是為了他者發聲之必要。參見：Martin Niemöller Stiftung. Was sagte Niemöller wirklich?

15 | 1964 年時教會重新整理這些墓地，並設置紀念碑以告慰此地的受難者。參考：Bundeszentrale für politische Bildung: Gedenkstätten für Opfer des Nationalsozialismus Eine Dokumentation, Band I, Bonn 2000, S. 314-315; Landeswohlfahrtsverband Hessen (LWV). Anstaltsfriedhof. In Webseite der Gedenkstätte Hadamar.

16 | 這些中途機構分別位於 Andernach、Eichberg、Galkhausen、Herborn、Idstein、Scheuern、Weilmünster、Weinsberg 及 Wiesloch 等地。參見：Stiftung Denkmal für die ermordeten Juden Europas. Die T4-Morde. In Webseite „T4-Denkmal".

17 | 該宅邸於二戰期間遭嚴重損毀，並於 1950 年代拆除。（參見：Neumärker & Baumann, 2013: 41）

18 | 主要的紀念目標分別是：1. 以適當的方式崇敬地紀念德國共產主義暴政的受害者；2. 保存對共產主義獨裁專政所犯的不公的記憶；3. 參照德國眾多、複數的的紀念與處置歷史之場所；4. 讓後代意識到極權和獨裁制度的危險和後果，以進一步加深對民主和法治的重視，提高對這些價值的意識並加強反極權的共識。

19 | 與歐洲被害猶太人紀念碑基金會副執行長烏里希·鮑曼的訪談。訪問時間：2020 年 1 月 23 日；地點：基金會會議室。

第二章　紀念發生之地

01 | 附屬營，或者按其字面意義也可稱作「集中營外營」，是制式集中營外圍所附屬、從屬的營地。附屬營的數量計有 1,000 多座，初期大多都圍繞著集中營主營區設立，當中許多直接與工作地點相連，囚犯在勞役結束後仍須返回主營。因應戰爭末期更大規模的迫害以及對於囚犯作為人力資源的需求，納粹建立越來越多不同類型和功能的附屬營，有的是為了中轉或集結，有的則是為了躲避戰爭轟炸而分散開的生產基地，並提供強迫勞動的人力資源給予德國企業。此時的附屬營雖在體系上仍屬主營管轄，但其距離和運作多半立獨立。二戰戰事的最末年，附屬營裡的囚犯數甚至已超越主營地。因為其設施和勞動條件的惡劣，致使許多集中營囚犯死於附屬

營之中。是故近年來的紀念工作也開始重視關於附屬營的種種，不再僅僅將關注的重點放在廣為人知的主營。（參見：Eugen, 2004: 277-278）

02 德意志聯邦共和國戰爭和暴政的受難者中樞紀念館，其所在位置也就是新崗哨。新崗哨自 19 世紀落成後歷經多次的政權變動，也隨之不斷地改變其功能與紀念的對象。

03 「法西斯受難者委員會總會」屬當時柏林市府社福文教部門轄下。當時各邦的「法西斯受難者委員會」是在盟國的促請下所成立。

04 「納粹政權受難者聯合會」成立於 1947 年。

05 譬如由柏林市府在 1947 年 9 月 29 日設立的〈威廉．洛伊許納紀念牌〉，即以深色金屬製作並蝕刻出凸出於牌面上的文字。牌面上記載，曾為工會領袖的洛伊許納因為參與「7 月 20 日謀刺案」遭到納粹處決。值得注意的是，據《柏林晨報》對當年《柏林插畫報》的考察，即便當時東西德的分立已開始有徵兆，當年紀念牌揭幕時除了柏林市長在場，德國社會主義統一黨以及自由德國工會聯合會等第二主席或社會民主黨的地方組織代表等意識型態上相左的人，亦能在同一場合出席。參見：柏林市紀念標牌資料庫。

06 設立於 1952 年前（實際年代不詳，但是該區在戰後最早設立的一批紀念標牌）紀念奧托．格呂納貝格的標牌，即以淺色大理石、黑色刻字製成。格呂納貝格是夏洛騰堡區屬德共旗下組織「紅色青年陣線」成員，並參加社區守衛組織——當年夏洛騰堡區內亦有聚集了許多工人的勞動者社區——，防衛居民免受納粹團體侵擾。納粹奪權之前的年代，不時有納粹衝鋒隊與居民產生衝突的狀況，格呂納貝格即是在一場受到衝鋒隊干擾的工人集會衍生的嚴重衝突當中，被衝鋒隊員開槍射殺。參見：夏洛騰堡區紀念標牌資料庫、柏林市紀念標牌資料庫。

07 此指戰後懸掛於施特格利茨市政廳前的木牌。幾乎在戰後的第一時間，反法西斯分子便在此處掛上木牌，紀念一位在終戰前幾日（1945 年 4 月 24 日）因為不願持續作戰，而遭到納粹絞死的德軍士兵。當時他的屍體被掛上「我是叛徒」的吊牌，懸掛在市政廳前一根燈柱上。紀念木牌正是懸掛於同一根柱子處，初立之時還搭配有十字架。1948 年，因為公眾對紀念牌內文的批判而進行改寫。而後因為電線桿施工之故，該牌被拆卸並改存於市政廳。

08 由德國共產黨在 1952 年之前設置的〈理查．胡堤希紀念牌〉，即是採用白底藍字的陶瓷。胡堤希是在納粹普勒岑湖監獄不義的司法體系下第一位受難者。參見：Gedenkstätte Deutscher Widerstand, Aktives Museum Faschismus und Widerstand in Berlin e. V. & Holger Hübner. Gedenktafel in Berlin.

09 譬如由齒輪工廠史托岑貝格公司的職工設立於 1946 年 1 月 29 日的紀念牌，是用以紀念他們因為反抗納粹而喪命的前同事們。碑體採用黑色石材，現則包覆有玻璃保護。（參見：Schönfeld, 1993: 109-110）

10 由反法西斯藝術家約翰．哈特菲爾德所設計。

11 奧托的方案最終考量到洛伊許納的立牌處（洛伊許納的啤酒閥工廠）位於歷史悠久的市場出入口對面，便採取三面立柱的方式，不僅可以讓四面八方經過的行人都能閱讀其上的資訊，形式上也更能在人來人往的街區中突顯出來。參見：Kunstamt Kreuzberg, 1990: 17-18; Endlich, 2006: 135-136。

12 「柏林市歷史紀念標牌計畫」實施時，當時東西德仍分裂，故僅限於西柏林範圍。

13	當年有數個區不願配合，理由分別有：斯潘道區覺得自己區更老，較柏林更有歷史，為何要被柏林當局決定，並且不喜歡設計（太制式化）；十字山區則不認同一致化的紀念人選，想以其他重點來做標牌，譬如該區已在 1983 年提案、1985 至 90 年間實施的反法西斯紀念標牌計畫。（參見：Baudisch & Ribbe, 2014: 88-92）
14	此外，與柏林的連結是基本必要，但也要具有不僅限於本地連結的意義，申請年限則至少必須是該人離世五年後。
15	經過長時間的執行與調整後，今日「柏林市歷史紀念標牌計畫」的設置準則和紀念對象也略有變動。值得一提的包括了文化，社會和人口組成多樣性應反映，除男女、東西比例，各歷史時期（譬如德國帝國殖民時期）的分配以外，尤其是具有移民背景的人也要被考慮在內，因此紀念的對象也未必是歷史上早已眾所皆知者。
16	此指參與「赤色救援」組織因此兩度入獄、遭刑求並隨後輾轉流亡捷克與英國的米娜・芙利屈。她的紀念標牌也是在十字山區的「反法西斯紀念標牌計畫」下豎立的。
17	在個人網站的時間軸上，丹姆尼科將製作於 1968 年的〈地面零點〉標誌為他的第一件作品。自述中他寫道，原先是意欲畫一幅碎磚構築成畫面的靜物，但卻不很成功，他的老師與丹姆尼科溝通後，認為他並不需要總是使用繪畫方式，於是他便將實物拼貼到木板上。丹姆尼科認為這是他開始在 3D 的維度空間上思考與創作的起點。筆者認為，參照自廣島原爆的名稱也顯現出 —— 或至少在丹姆尼科自己對自己的生涯描述上 —— 從一開始就帶有一定的政治性。參見：Demnig, Gunter. *Chronologie der Projekte von Gunter Demnig*.
18	〈烤人〉與〈麵包人〉這兩項計畫中，丹姆尼科皆與藝術家哈利・克拉默及麵包師傅侯斯特・貝克合作。參見：Demnig, Gunter. *Chronologie der Projekte von Gunter Demnig*; Hein, Christina (2017.02.24).
19	據科隆羅姆人協會創始者之一的庫特・霍爾回憶，當時他們因為丹姆尼科一項翻譯《聯合國人權宣言》並刻印在鉛板上的計畫互相認識。過程中，兩人談論到丹姆尼科從卡塞爾、經過阿爾卑斯山再到威尼斯的痕跡鋪設計畫〈阿里阿德涅之線〉（Ariadne Faden, Kassel-Venedig），霍爾便邀請丹姆尼科在辛堤與羅姆人遭遣送五十周年之際規畫類似的行動。在霍爾的牽線下，丹姆尼科從協會的檔案庫以及歷史學者卡蘿拉・芬斯處獲得了計畫所需的歷史研究材料，並向協會提出他的路徑與行動規畫。參見：Museen Köln. Eine kleine Geschichte der „Spur".
20	參考：Langowski, 2018; Endlich, 2020。當時居中邀請的是柏林夏洛騰堡的絆腳石促進會。報導則提及，弗里德蘭德自身也常因他製作的這些碑石而不禁落淚。他的雙姓 —— 比較偏德文姓氏感的「Friedrichs」以及較傾向猶太姓氏的「Friedländer」，即是源自祖父輩為了隱藏「非亞利安」的改姓。對弗里德蘭德來說，這個姓氏非常重要，所以再次將它加到名字當中。
21	基金會目前共有 7 人任職（包括弗里德蘭德、史都肯伯格在內），加上協助碑石製作的弗里德蘭德工作室助手與藝術家本人，在藝術團隊這一方共有 9 人參與〈絆腳石〉的運作。參見：Demnig, Gunter. *Stolpersteine - Häufig gestellte Fragen & Antworten*.
22	德國公視 2 台於 2019 年 12 月 29 日報導第 75,000 塊〈絆腳石〉的鋪設。2020 年因為 Covid-19 疫情之故，丹姆尼科在 3 月 20 日至 6 月 15 日之間，遵循防疫措施，暫停了一段時間的鋪設工作，並於 6 月 18 日重啟工作。2021 年時則於 1 月 1 日至 6 日的疫情高峰期時二度暫中止鋪設工作。參見：ZDF, 2019.

23 〈紀念之石〉分布於整個維也納，根據計畫網站資料庫當前共有 521 塊〈紀念之石〉。〈為未來紀念〉主要位於維也納的瑪利亞希爾夫區。參見：Hindler, Daliah. *Webseite Steine der Erinnerung*.

24 〈納粹政權受難者紀念標牌與紀念柱〉此計畫的設計者為祈里安‧史陶斯，從 10 件邀請的競圖中脫穎而出，被評選為最終方案。目前也已設置於城市中的 70 餘處。參見：Kulturreferat der Landeshauptstadt München (2017.10.26). *Formen dezentralen und individuellen Gedenkens an die Todesopfer des NS-Regimes in München. Gestaltungswettbewerb „Erinnerungstafeln an Hauswänden auf Blickhöhe und Stelen mit Erinnerungstafeln auf öffentlichem Grund vor dem Gebäude"*. Beschluss des Kulturausschusses vom 26.10.2017. 市府計畫頁面：Landeshauptstadt München. *Erinnerungszeichen für Opfer des NS-Regimes in München. Koordinierungsstelle | Erinnerungszeichen*.

25 影像可參見 Jewish Virtual Library. Holocaust Photographs: *Jews Forced to Clean Vienna Streets* (March 1938).

26 參見：Salchert, 2008: 13。狂歡節委員會亦承認，他們無意貶損任何人，但此過錯確實是他們缺乏察覺的敏感度所造成的。

27 《舍訥貝格 1933 年的蹤跡保存：「紅色之島」──「林登霍夫─猶太瑞士」》（Spurensicherung in Schöneberg 1933: 'Rote Insel' - Lindenhof - 'Jüdische Schweiz'），展覽於於 1983 年的 4 至 5 月展出，而展題中的「猶太的瑞士」，指的正是巴伐利亞區。（參見：Arbeitsgruppe "Kiezgeschichte - Berlin 1933" im Rahmen des Projekts des Berliner Kulturrates, 1983）

28 《生活在舍訥貝格／弗里德瑙區 1933 至 1945─納粹的暴力統治與反抗》（Leben in Schöneberg / Friedenau 1933-45 - Nationalsozialistische Gewaltherrschaft und Widerstand）於 1983 年的 10 至 11 月展出，與前一檔展覽在資料上有相互承繼並且深入發展的狀況。在這檔展覽的手冊中，更記載了當年舍訥貝格各種人民團體從事的工作介紹，當中包括在地歷史研究團體、研究媒體呈現技術的協會以及講述工作坊等等。（參見：Bezirksamt Schöneberg: *Leben in Schöneberg, Friedenau 1933 - 45, 1983*）

29 參見：Wenzel, 1987.

第三章　動態的紀念

01 參見：線上版《雅各與威廉‧格林德語字典》，Kompetenzzentrum – Trier Center for Digital Humanities. Denkmal. In *Deutsches Wörterbuch von Jacob Grimm und Wilhelm Grimm, Bd. 2*, S. 941.

02 譬如史普林格或約赫曼。

03 或稱漢撒城市第 2 連隊第 76 步兵團傳統協會，該步兵團成立於普魯士王國時的 1867 年，從普法戰爭至第一次世界大戰皆派兵出征，一戰時死傷慘重。

04 原文：Deutschland muss leben / und wenn wir sterben müssen.

05 舉例來說，記者伯恩‧慕連德便在討論此〈第 76 步兵團紀念碑〉重新調整事宜的報導中，以「令人反感之石」來譬喻此座紀念碑。繼而幾篇論述「反紀念碑」的文章中，亦都採行這樣的說法，譬如最先討論「反紀念碑」、由史普林格撰寫的〈紀

念碑與反紀念碑〉（Denkmal und Gegendenkmal）一文。參見：Müllender, 1982; Springer, 1989: 92-102.

06 | 原文：Das jetzige Denkmal ist Teil unserer Geschichte, der wir nicht entfliehen können, und deshalb stand es von Anfang an außer Frage, es unverändert stehen zu lassen.（出自：Thiele-Dohrmann, Klaus, 1983, zitiert nach: Hennings-Rezaii, Julia, 1997: 46.）

07 | 原文如下：Senat der Freien und Hansestadt Hamburg (1982.02.16). *Der Ideenwettbewerb zur Umgestaltung der Anlage des Kriegerdenkmals am Dammtor ausgeschrieben.* Staatliche Pressestelle Hamburg.

08 | 由猶太企業家西格蒙德·雅許洛特委託製成，該噴泉也因此而得名。參見：Hoheisel, Horst. *Aschrottbrunnen [Kassel 1985].*

09 | 參見：Hessische Landesamt für geschichtliche Landeskunde. Wahl des Kurhessischen Kommunallandtages Kassel, 17. November 1929. In Landesgeschichtliches Informationssystem Hessen (LAGIS).

10 | 記錄下這一幕的新聞照片，則成為第 13 屆卡塞爾文件展中，藝術家桑雅·伊維科維奇錄像作品〈異議者〉的觸發點。參見：第 13 屆卡塞爾文件展官方網站作品資料庫，Iveković, Sanja (2012). *The Disobedient.* documenta und Museum Fridericianum Veranstaltungs-GmbH.

11 | 就好比即使拆除令人不適的紀念碑／物，但若未對歷史進行處置僅是抹除，那麼傷痛依舊難以被治癒。

12 | 參見：楊昀霖，〈照鏡子不是愛漂亮，是在認真做職能治療！〉（2015.02.17），泛科學。《怪奇人體研究所：42 個充滿問號的人體科學故事》，時報出版，148-150。

13 | 滅絕設施分別位於：貝恩堡、布蘭登堡、格拉芬埃克、哈達瑪、哈特海姆和松嫩施泰因。

14 | 此為德國在 2000 年之後最大的社會爭議案件，主要的觸發點是斯圖加特車站周邊的大規模地下化工程，並且捲動為期數年、規模可觀的抗議動能。參見：鍾宏彬，〈德鐵地下化正反激辯 樹立重大建設公民參與典範〉（2010.12.09）。

15 | 每個巡展地點的資料可見於〈灰巴士紀念碑〉的網站：Knitz, Andreas & Benz, Tom (2007). *Das mobile Denkmal: DAS DENKMAL DER GRAUEN BUSSE.*

16 | 此處「世界大戰」指第一次世界大戰。

17 | 譬如自由德國工會聯合會所屬的文化委員會於 1949 年主張保留建物作為歌德紀念館。其它來自不同單位的建議還包括：申克爾博物館、展覽館或者柏林大學附屬書店等等。參見：Brief des FDGB, Kulturabteilung Baum, an DR. Bersing zum Ehrenmal Unter den Linden vom 12. März 1949，引用自：Schumacher-Lange, 2012: 162.

18 | 參見：Bundesministerium des Innern, für Bau und Heimat. *Die Neue Wache in Berlin. Symbol und Ort von Zeremoniellen.*

19 | 預計放上的字樣摘自布萊希特詩作〈致同胞〉的最末句「母親們，讓您的孩子活下去。」（Mütter, lasset eure Kinder leben）。（參見：Spies, 1993: 40）

20 | 此紀念碑在「德意志遭驅逐流亡者同鄉會」的倡議下設立。

21	決議於 1993 年 1 月 27 日。
22	當時對此提出疑慮的學者包含希爾克·溫克及史帝范·朗格。（參見：Wenk, 2002: 200; Lange, 1993: 48.）
23	當時的協會員通訊上，匯集了數篇各團體的聯名抗議信、相關報導及協會成員對此的論述。參見：Aktives Museum. Faschismus und Widerstand in Berlin e. V. (1993). *Mitgliederrundbrief Nr. 24*, Dezember 1993.
24	時任德國社會主義統一黨的主席，德意志民主共和國（東德）於 1949 年建國後，由皮克則擔任總統。
25	1949 年此處搭建了一塊平台，上有聖火盆。（參見：Baacke & Nungesser, 1977: 289）
26	當時的柏林國家藝廊，今日以「新國家藝廊」之名為人所知。此藝廊是為了與劃歸東柏林境內的「博物館島」博物館群相抗衡的「文化論壇」計畫中的一環，亦屬冷戰下東西對抗的產物之一。
27	原文：Unvergessen/die mutigen Taten und die/Standhaftigkeit der von/dem Jungkommunisten/Herbert Baum/geleiteten antifaschistischen/Widerstandsgruppe. 出自：Endlich, 2000: 111-112.
28	原文：Fuer immer in/Freundschaft/mit der/Sowjetunion/verbunden。出處同上。
29	葛哈·扎德克為當年該組織的倖存者，他找上區議員湯瑪斯·弗利爾。（參見：Neues Deutschland (2000.12.22). Ein Gedenkstein wird ergänzt. In *Neues Deutschland*）
30	《在德國歷史的迷宮中—新崗哨 1818-1993》開幕於 1993 年。參見：Fischer-Defoy, Christine (1993). Christine Fischer-Defoy zur Ausstellungseröffnung am 12.11.93. In Aktives Museum. Faschismus und Widerstand in Berlin e. V. (Ed.), *Mitgliederrundbrief Nr. 24*, Dezember 1993.

第三部　今日，未盡的總總

第一章　未竟的解殖與紀念

01	普魯士邦聯議會於 1847 年發表。
02	當時參與剛果會議的國家，包含奧匈帝國、比利時、丹麥、俄羅斯帝國、法國、荷蘭、葡萄牙王國、瑞典 - 挪威聯合王國、西班牙王國、義大利王國、英國、美國與鄂圖曼帝國等 15 國。
03	當時的紀念碑語彙當中，趴臥的獅子通常被借用於隱喻在戰事中犧牲的官兵。
04	本地的士兵不會願意與自己人作戰，故自其他地區招募雇傭兵成為了德國、甚至大多殖民非洲的歐洲國家的統治策略之一環。
05	參見：Heinze, 1936: 50; Deickert, 1936: 42。倡議創設此碑的上校馮·普特卡默當時為此訓練場的指揮官，並曾於 1902 至 1914 年間駐紮於喀麥隆。
06	漢斯·多米尼克的紀念碑與魏斯曼紀念碑同樣是從前德屬殖民地被送返本土，原本計畫設立於喀麥隆的雅溫得，1935 年時重立於漢堡大學校園中魏斯曼紀念雕像的

07 | 當時保守派還在右傾的出版社史普林格上，對於德國殖民政策與作為的辯護。

08 | 關於當時社會主義德國學生聯合會各類傳單及報章紀錄，可見此網路資料庫：SDS/ APO 68 Hamburg. *Jahre der Revolte – Informationen und Diskussion zu 1968 und heute.*

09 | 位於該城的山嶺墓園。

10 | 碑文原文：Dem weltbekannten Afrika-Forscher / dem Freund und Helfer der schwarzen Menschheit

11 | 參見：Geschäftsstelle des Traditionsverbandes. *Webseite des „Traditionsverbandes ehemaliger Schutz- und Überseetruppen. Freunde der früheren deutschen Schutzgebiete e. V.".*

12 | 此協會由「德國國家民主黨」要角佩特‧胡斯特與克勞斯迪特‧路德維希等成立。該協會早年組織「南非研討會」，宣傳並促進「與白色非洲的團結」（Solidariät mit Weiß-Afrika），積極支持種族隔離的政策，與「前殖民地武裝防衛隊及海外軍團傳統協會」有著友好關係，並試圖與基社黨黨內較右傾的部分建立連結。至今該協會依舊強力地聲稱在當時的德屬西南非並未發生種族屠殺。參見：Das antifaschistische Pressearchiv und Bildungszentrum Berlin (1996). *Profil: Hilfskomitee Südliches Afrika (HSA).*

13 | 原文：Stunde […], da unser Volk nach langer Schandenacht sich wieder erhebt, […] da wieder stahlbehelmte Kolonnen zur neuen Wacht am Rhein ziehen und unsere Nachkommen wieder hocherhobenen Hauptes vor die Denkmäler unserer Toten treten können. 出自：Gussek, 2020.

14 | 「公民提案」（或因各地方自治的制度不同而稱「住民提案」）是德國直接民主的一種政策工具。屬特定行政區的居民／公民可以提案，責成地方政府議會在公開會議上處理特定議題。「公民提案」在各邦的規定不一，並未都要求政府方須做出最終決策，而是因地而異。細則可參見網站「公民社會指南」： Stiftung Mitarbeit, in Kooperation mit der »Stabsstelle Moderner Staat – Moderne Verwaltung« des Bundesinnenministeriums (2001). Einwohnerantrag. In *Wegweiser Bürgergesellschaft.*

15 | 屬前德屬西南非的納米比亞，在一戰德國戰敗後，由國際聯盟委任南非託管，爾後持續被南非非法占領。當地有諸多起義、尋求獨立，聯合國大會亦於 1978 年通過《納米比亞宣言》，強調南非的無條件撤出。但直至 1990 年納米比亞才獲得獨立。

16 | 納粹時期經常以「○○之城／之都」方式賦予特定城市稱號，有些是官方正式定名的，有些則是希特勒所給予的（依照納粹時期法律，元首的意見與意志具有法律效力），有些則是沒有特定來源。譬如慕尼黑為「德意志藝術首都」（Hauptstadt der deutschen Kunst），紐倫堡為「帝國黨代表大會之城」（Stadt der Reichsparteitage），萊比錫為「帝國博覽之城」（Reichsmessestadt）等等。1938 年 6 月，時任不萊梅市長海因里希‧博姆克推動帝國殖民協會總年會未來皆於不萊梅舉辦。然而，儘管做為德國殖民思想發源處的不萊梅，希望推動像其他城市一樣，冠上「殖民之城」，這個名號卻從未受到官方正式的認可。參見：Hethey, Frank (2018.05.27). Als Bremen „Stadt der Kolonien" sein wollte. In *Weser Kurier Geschichte (WK Geschichte).*

17 | 此碑於 1931 年起建，1932 年完工揭幕。

18 | 該街位於不萊梅的施瓦赫豪森區。

19 | 該團體特別著力於反戰、反對核武器以及軍火工業等等。

20 | 原 文：Dieses Denkmal wurde im Jahr 1935 durch die Nationalsozialisten errichtet. Es stand für Verherrlichung des Kolonialismus und des Herrenmenschtums. Uns aber ist es Mahnung – der Charta der Menschenrechte entsprechend – uns einzusetzen für die Gleichberechtigung aller Menschen, Völker und Rassen.（參見：Zeller, 2000: 226）即便此碑文傳達出明確的反殖民的意識，然而因其使用了在政治以及生物學概念上皆不符事實的「種族」（Rasse）一詞，因此直至今日此碑仍存在商榷或者持續修正的空間。

21 | 一系列以「後殖民」（postkolonial）為名的協會、團體或者是計畫，約莫於 2000 年代中後期頻繁出現，譬如漢堡的「非洲－漢堡計畫」於 2004、2005 年開始運作，弗萊堡後殖民計畫自 2005 年底、2006 年成立，柏林後殖民協會則發端於 2004 年時西非會議 120 周年、赫雷羅與納馬人起義 100 周年的公民團體集結，並在 2007 年成立。

22 | 包括「柏林發展政策建言網絡」、「團結服務國際」等團體。

23 | 碑文原文：Zum Gedenken an die Opfer des deutschen Völkermordes in Namibia 1904-1908

24 | 碑文原文：„Zum Gedenken an die Opfer der deutschen Kolonialherrschaft in Namibia 1884-1915, insbesondere des Kolonialkrieges von 1904-1907. Die Bezirksverordnetenversammlung und das Bezirksamt Neukölln von Berlin. ,Nur wer die Vergangenheit kennt, hat eine Zukunft'（Wilhelm von Humboldt)".

25 | 參考發表於泛非非政府組織「AfricAvenir International」網站上的民間團體聯合聲明，Afrika-Rat, Berliner Entwicklungspolitischer Ratschlag (BER), Berlin Postkolonial, Initiative Schwarze Menschen in Deutschland (ISD Bund), p.art.ners berlin-windhoek, Solidaritätsdienst-international (SODI) & Werkstatt der Kulturen (2009.09.23). *Verharmlosung von Völkermord - Neukölln plant Gedenkstein, der nicht für die Versöhnung mit Namibia geeignet ist.*

26 | 參見：Der Spiegel, 2004。當年德國聯邦發展援助部的部長為海德瑪麗·維楚利克－曹爾，並於道歉時請求寬恕。

27 | 而即使使用了「種族屠殺」一詞，紀念碑亦無法取代當時德國政府仍未能遂行的，對受難者的賠償。這是來自納米比亞一方代表的呼籲。參見網站聲明：Koch-Weser, Gesa (2009.08.12). Steine des Anstoßes In *taz*.

28 | 在 德 國，移 民，或 更 精 確 地 說「具 移 民 背 景 的 居 民」（Bevölkerung mit Migrationshintergrund）的定義是，出生時沒有德國公民身分的人，或者出生時至少有一個父母沒有德國公民身分。（參見：Statistisches Bundesamt. *Migration und Integration*）

29 | 南斯拉夫內戰自 1991 年起，間斷的發生各戰爭，持續至 2001 年。

30 | 譬如當時經常將尋求庇護者冠以「經濟難民」（Wirtschaftsflüchtlinge）、「假尋求庇護者」（Scheinasylanten）或是「濫用庇護權者」（Asylmissbrauch）之稱。此一名詞背後的潛台詞實為：這些人並非真的難民——譬如經濟難民相對於戰爭或政治難民。這類的言辭，一直到 2015 年夏天的難民潮時，都還是右傾的政治人物或者是保守派中產市民之間慣用的詞彙。但若將這些人歸於經濟難民，根據《日內瓦難民公約》的規定，目的地國有權決定是否接納。故保守傾向的政府往往利用此一空間來制定對應政策，縮緊入國門檻。然而被歸類為經濟難民的這一群人，往往也是因為家鄉在各種因素下——多年戰亂、飢荒、氣候變遷下的天然災害 —— 導致的經濟體質虛弱，因此而需要

離鄉背井求生。針對難民的相關負面概念解析，參見：Bade, Klaus J. (2015.06.12). Zur Karriere und Funktion abschätziger Begriffe in der deutschen Asylpolitik – Essay. In *Aus Politik und Zeitgeschichte (ApuZ), 25/2015*. Bundeszentrale für politische Bildung.

31 發生於 1992 年 8 月 22 日至 26 日，當時位於利希滕哈根一幢外牆有太陽花圖樣馬賽克磁磚裝飾的公寓大樓，是尋求庇護者中央接待處以及過去東德時期越南籍客工的住所，聚集了越南移民以外，也包含許多辛堤與羅姆人。數百名極右翼分子發動數波針對性的打砸，並縱火焚燒建築，現場並有人高喊帶種族主義性質的口號，並且行納粹禮。在警察與消防人員試圖介入救援時，不僅受到極右分子的阻攔，也連帶受到攻擊。政府方面則動作消極，致使事態激化而未能及時有效介入阻止。當地許多旁觀的民眾則是毫無作為，甚至鼓譟或為攻擊舉動喝采。此次暴亂被普遍視為是二戰之後德國最大規模的種族主義攻擊事件。

32 薩克森豪森集中營紀念館第 38 號營舍的展出空間「致猶太同志苦難的博物館」（Museum für die Leiden der jüdischen Kameraden）於 1992 年 9 月 26 日，遭到新納粹分子縱火焚毀。

33 該組織直到 2011 年 11 月才被發現。在露出行蹤之前，「國家社會主義地下組織」已於 2000 年代初期犯下連環謀殺案，造成多人受傷，並有 9 名具移民背景者以及 1 名警察身亡。這個新納粹恐怖主義團夥，除了主嫌貝雅恃‧切培、波恩哈特、穆德洛斯 3 人外，其網絡疑涉及聯邦憲法保衛局以及警察、檢調單位裡的線人系統。但因案發早期階段，警方辦案方向誤謬地指向了移民社群內部相殘，並在保留證據的工作上有所疏失，至今許多真相仍未明。

34 由米爾德里德‧謝爾職業學院以及索林根青年福利工坊設立。

35 看照紀念碑的學生來自青年福利工坊。這些由青年福利機構協助的青年們，許多皆是來自於社會弱勢、移民後裔或其他國家的尋求庇護者。機構也設計了關於解說仇外、種族主義及納粹相關議題的課程，並歡迎學校或班級預約，共同參與金屬環的製作以及上述課程，做為教育學習的一部分。參見：Jugendhilfe-Werkstatt Solingen e. V. (2018.06). *Ringe für das Solinger Mahnmal. Eine Handreichung für Interessierte, potentielle Ringstifter und Lehrer*.

36 德國文化廣播電台的記者提洛‧許密特發覺環上姓名之一— Nguyen Do Thinh，為利希滕哈根的暴亂事件中的越南社工。(參見：Schmidt, 2018)

37 參見：Jugendhilfe-Werkstatt Solingen e. V. Das Solinger Mahnmal, In *Webseite des Jugendhilfe-Werkstatt Solingen e. V.*

38 該協會致力於推動越南裔移民與德國人的平等共生，實際上的工作要點則是協助移民的語言資格、社會融合以及和當地人的接觸等，同時也積極參與與越南相關的教育工作。協會相關資料可參見官方網站：Diên Hông – Gemeinsam unter einem Dach e. V. Über uns. In *Webseite des Diên Hông e. V.*

39 參見：Soziale Bildung e. V. Erinnerungsorte 1992-2012. In *Webseite „Lichtenhagen im Gedächtnis". Dokumentationszentrum / Soziale Bildung e. V.*

40 詳情參見協會官網「利西滕哈根 1992」：*Webseite „Lichtenhagen im Gedächtnis". Dokumentationszentrum / Soziale Bildung e. V.*

41 持懷疑歐盟論、反對歐洲一體化或者反對歐元為其主張。

42	在當年的暴亂事件發生之前，《波羅的海報》以及另一家規模更小的小報《北德最新消息報》的讀者來函版面，經常是當地居民發表對於移民、難民群體看法的空間，其中包含同情的聲音，但也有不友善的聲音。在事件幾天前，幾則報導則被視為導火線之一。首先是在 8 月 19 日，《北德最新消息報》以「利西滕哈根人欲『清理』庇護者中央接待處」（Lichtenhäger Bürgerwehr will Zast ‚aufräumen'）為標題，刊登一則匿名團體「利西滕哈根利益共同體」煽動性的言論，鼓吹對接待處外的辛堤與羅姆人施加暴力。當中該團體提及，「週末（譯按：8 月 22、23 日，正是暴亂開始的當天）將於利西滕哈根建立秩序」。《波羅的海報》則是在暴亂發生前一日（8 月 21 日）以「利西滕哈根人欲上街抗議」（Lichtenhäger wollen Protest auf der Straße），採用了相對中性的詞彙「抗議」來描述即將發生的暴力襲擊，且引述三名年輕人發表「將到場痛毆羅馬尼亞的羅姆人」及認為「住在這裡的人們將會看著窗外為我們鼓掌」的言論。這些未加審慎思慮即加以報導的方式，往後使得此二媒體廣受批判。（參見：Schmidtbauer, Bernhard (2017.08.02). So berichteten Rostocker Medien über Lichtenhagen. In Ostsee-Zeitung）
43	更多關於紀念碑的細節，可參考該計畫網頁：Artist Collective SCHAUM. Rostock-Lichtenhagen 1992. Hansastadt Rostock, Amt für Kultur, Denkmalpflege und Museen.
44	首個發表地點為荷蘭阿姆斯特丹。
45	梅利亞（一譯為白石角）是西班牙位於北非的海外屬地。由於其特殊的地理位置，使得該地與義大利所屬的蘭佩杜薩島，成為欲從非洲入歐最著名的跳板。
46	該處原為理髮店。
47	關於計畫更多細節可參考其網頁或者是該計畫的臉書頁面：Herkesin Meydanı - Platz für Alle. Antirassistisches Mahnmal an der Keupstraße.
48	「永不再來」這句話出自於美軍開至布痕瓦爾德集中營解放該處時，集中營的倖存者以他們各自說的語言寫下了「永不再來」。貝爾與斯奈德兩名學者在合著的《後大屠殺時代的記憶與遺忘——永不再來的倫理準則》中闡述「永不再來」之意義。首先是，「永不再來」此一口號將過去的災難投射至未來，以避免重蹈覆轍。然而貝爾、斯奈德二人認為，由這種記憶所驅動的對正義之鬥爭是保守的，因為其旨便在於抵禦恐怖的過去之重複，而不在於構建新的人及新的社會。而當代對於「永不再來」此一概念與口號雖有許多不同的應用，但對它的批判則在於，「永不再來」假定大屠殺為過去的獨特事件，而在我們盡力地對抗這種過去的恐怖暴行之重複時，卻也將自身與過去的歷史劃清界線，從而站在一舒適的角度來看待歷史與自身所處之社會的關係。（參見：Baer, Alejandro & Sznaider, Natan, 2017: 4-9）
49	參見：Bündnis gegen Naziterror und Rassismus – NSU-Prozess.
50	3 人分別為貝雅特・切培被判處無期徒刑、拉夫・沃勒本被判處 10 年徒刑，與卡斯滕・舒爾策被判處 3 年徒刑。後 2 人的輕判造成輿論嘩然。另 NSU 同夥遭逮捕的成員，尚有霍爾格・格拉赫獲釋，安德烈・艾明格至 2021 年仍在上訴中。

第二章　關於方法：紀念的動員、普及與民主實踐

01	這首歌原先是由德國歌手馬克・塞亞貝格於 1978 年時發行，當時並未引發太多迴響。1988 年大衛・赫索霍夫重新翻唱這首歌，並且於 1989 年攻占了德國的排行榜，

隨後也天時地利人和地受邀參加當年的跨年音樂會。

02 │ 此單位在 2006 年由過去的柏林博物館教育部門以及柏林文化活動公司組成，性質上屬於官方組織法人化後的單位。

03 │ 成立於 1990 年的協會，以東德反對派、反共運動的檔案蒐集及政治教育工作為主。其下設有勞勃‧哈費曼檔案館及東德婦女運動檔案館。

04 │ 參見：Kulturprojekte Berlin. Das Themenjahr "20 Jahre Mauerfall" begeisterte 2009 ein Millionenpublikum und rückte Berlin weltweit ins Zentrum der Aufmerksamkeit. In *Webseite der Kulturprojekte Berlin*.

05 │ 2019 年時，一個德國的民間協會「開放社會」則購置了一段圍牆，但並非為了蒐藏狂熱或將圍牆視為紀念物使用，而是為了完成一件諷刺行動：他們將圍牆寄送給時任美國總統川普，欲以實證告訴川普——牆是沒有作用的。參見：Stremmel, Jan (2019.11.08). Träume aus Beton. In *Süddeutsche Zeitung*.

06 │ 前者是被拍攝者跳躍於水泥方碑之間的照片，後者則是一群青年擺弄姿勢拍攝的合照。

07 │ 詳情可參照網站上的文字說明：Shapira, Shahak (2017). *Yolocaust*. Retrieved from https://yolocaust.de/ (2021.08.21)

08 │ 參見：Pressemitteilung der Stiftung Denkmal für die ermordeten Juden Europas (2020.01.07). *Höchste Besucherzahl seit Eröffnung des Holocaust-Denkmals – 480.000 Gäste in der Ausstellung unter dem Stelenfeld*. Stiftung Denkmal für die ermordeten Juden Europas.

09 │ 實際上觸發夏皮拉製作合成照的首張圖片，自拍者的文字說明便寫著「在死去的猶太人身上跳躍」（Jumping on dead Jews）。參見：Shapira, Shahak (2017). *Yolocaust*.

10 │ 摘自與歐洲被害猶太人紀念碑基金會副執行長烏里希‧鮑曼進行的訪談。訪問時間：二○二○年一月廿三日；地點：基金會會議室。

11 │ 《日報》以「記憶得來速」為名探討柏林歷史紀念的淺碟化。參見：Pfaff, Voß & Zimmermann, 2019.

12 │ 此碑奠基於 1894 年，於 1897 年揭幕。德皇威廉一世去世後，國會發起競圖，徵集紀念碑的設計。在德皇威廉二世的介入下，最終由萊因霍德‧貝加斯（負責雕塑部分）、古斯塔夫‧哈姆胡柏（負責建築部分）獲委託設計此碑。德皇威廉一世紀念碑坐落於柏林城市宮與運河間，整座碑是廊柱式建物、基座及雕塑的組合。歷經兩次世界大戰後，1946 年時與城市宮一同被視為是專制、封建的象徵，遭到東德政權拆毀。部分動物雕像、人像和基座裝飾則被拆分保存於柏林不同的博物館及動物園之中。

13 │ 與赫嘉‧李瑟進行的訪談，訪問時間：2019 年 7 月 8 日；地點：赫嘉‧李瑟工作室之會議空間。

14 │ 當時的對公共藝術的正式稱呼，也逐漸由「附屬於建築的藝術」轉而稱作「公共空間中的藝術」。

參考文獻

書目

Agethen, Manfred (2002). Gedenkstätten und antifaschistische Erinnerungskultur in der DDR. In Agethen, Manfred, Jesse, Eckhard & Neubert, Ehrhart (Ed.), Der missbrauchte Antifaschismus. *DDR-Staatsdoktrin und Lebenslüge der deutschen Linken.* Verlag Herder Freiburg im Breisgau

Allgemeiner Studentenausschuss (ASTA) der Universität Hamburg (1969). *Das permanente Kolonialinstitut. 50 Jahre Hamburger Universität.* Retrieved from https://sds-apo68hh.de/wp-content/uploads/2019/12/1969-ASTA-HH-Hrsg.-Das-permanente-Kolonialinstitut-ocr.pdf (2021.04.05)

Arbeitsgruppe "Kiezgeschichte - Berlin 1933" im Rahmen des Projekts des Berliner Kulturrates (1983). *"Zerstörung d. Demokratie - Machtübergabe u. Widerstand": Wer sich nicht erinnern will ... ... ist gezwungen die Geschichte noch einmal zu erleben : Kiezgeschichte Berlin 1933.* Elefanten-Press.

Assmann, Aleida (1999). *Erinnerungsräume. Formen und Wandlungen des kulturellen Gedächtnisses.* Verlag C. H.Beck.

Assmann, Aleida (2016). *Das neue Unbehagen an der Erinnerungskultur. Eine Intervention, 2. Auflage.* C.H.Beck.

Ausschuss Sinti and Roma (2000). *Mahnmal für die ermordeten Sinti und Roma Europas: 1994-2000.* Internationale Liga für Menschenrechte.

Baacke, Rolf-Peter & Nungesser, Michael (1977). Ich bin, ich war, ich werde sein! Drei Denkmäler der deutschen Arbeiterbewegung in den Zwanziger Jahren. In Neue Gesellschaft für Bildende Kunst (Ed.), *Wem gehört die Welt?* Neue Gesellschaft für Bildende Kunst

Baer, Alejandro & Sznaider, Natan (2017). *Memory and Forgetting in the Post-Holocaust Era. The Ethics of Never Again.* Routledge.

Baudisch, Rosemarie & Ribbe, Wolfgang (2014). *Gedenken auf Porzellan. Eine Stadt erinnert sich.* Nicolaische Verlagsbuchhandlung GmbH

Baumann, Leonie (1988). Vom Denkmal zum Denkort – Gutachten zur Konzeption eines Aktiven Museum. In *Zum Umgang mit dem Gestapo-Gelände. Gutachten im Auftrag der Akademie der Künste Berlin.* Akademie der Künste.

Bechhaus-Gerst, Marianne (2007). *Treu bis in den Tod. Von Deutsch-Ostafrika nach Sachsenhausen. Eine Lebensgeschichte.* Ch. Links Verlag.

Becker, Lia; Candeias, Mario; Niggemann Janek; Steckner, Anne (2013): *Gramsci lesen. Einstieg in die Gefängnishefte.* Argument Verlag.

Berliner Unterwelten e.V. (2011). *Mythos Germania - Schatten und Spuren der Reichshauptstadt: Eine Ausstellung des Berliner Unterwelten e.V..* Edition Berliner Unterwelten

Beyeler, Marie (2015). Hans Rothfels: Die deutsche Opposition gegen Hitler. In Fischer, Torben & Lorenz, Matthias N. (Ed.), *Lexikon der »Vergangenheitsbewältigung« in Deutschland. Debatten- und Diskursgeschichte des Nationalsozialismus nach 1945, 3., überarbeitete und erweiterte Auflage.* Transcript Verlag

Bezirksamt Schöneberg (1983). *Leben in Schöneberg, Friedenau 1933 - 45: nationalsozialistische Gewaltherrschaft und Widerstand.* Broschüre zur Ausstellung des Schöneberger Kulturkreises im Haus am Kleistpark vom 16.10. bis 16.11.1983.

Bildungswerk des BBK Berlin (1980). *30 Jahre BBK – Ausstellung des Berufsverbandes Bildender Künstler Berlins.* Staatliche Kunsthalle Berlin.

Danyel, Jürgen (2001). Der 20. Juli. In François, Etienne & Schulze, Hagen (Ed.), *Deutsche Erinnerungsorte, Band II.* C.H. Beck Verlag

Deickert, Paul (1936). Historisches Döberitz - Döberitz, wie es war und wie es ist.

Dietzsch, Martin, Paul, Jobst & Suermann, Lenard (2012). *Kriegsdenkmäler als Lernorte friedenspädagogischer Arbeit.* Duisburger Institut für Sprach- und Sozialforschung

Dittmer, Lothar (1998). Jugendliche auf historischer Spurensuche – Erfahrungen und Ergebnisse aus dem Schülerwettbewerb Deutsche Geschichte um den Preis des Bundespräsidenten. In Rohdenburg, Günther (Ed.), *Öffentlichkeit herstellen – Forschen erleichtern! Aufsätze und Literaturübersicht zur Archivpädagogik und historischen Bildungsarbeit.* Körber-Stiftung.

Endlich, Stefanie (1988). Gestapo-Gelände. Entwicklung, Diskussion, Meinungen, Forderungen, Perspektiven. In *Zum Umgang mit dem Gestapo-Gelände. Gutachten im Auftrag der Akademie der Künste Berlin.* Akademie der Künste.

Endlich, Stefanie (2000). *Gedenkstätten in: Berlin.* In Bundeszentrale für politische Bildung (Ed.), *Gedenkstätten für Opfer des Nationalsozialismus Eine Dokumentation, Band II.* Bundeszentrale für politische Bildung.

Endlich, Stefanie (2003). Krieg und Denkmal im 20. Jahrhundert. In Hübener, Kristina, Hübener, Dieter & Schoeps, Julius Hans (Ed.), *Kriegerdenkmale in Brandenburg. Von den Befreiungskriegen 1813/15 bis in die Gegenwart.* be.bra Wissenschaft Verlag

Endlich, Stefanie (2006). *Wege zur Erinnerung. Gedenkstätten und -orte für die Opfer des Nationalsozialismus in Berlin und Brandenburg.* Metropol Verlag.

Endlich, Stefanie (2012). Denkmal in Bewegung – Menschen in Aktion. In *Das Denkmal der Grauen Busse. Erinnerungskultur in Bewegung.* Verlag Psychiatrie und Geschichte.

Endlich, Stefanie (2017). 40 Jahre Büro für Kunst im öffentlichen Raum. In Kulturwerk des berufsverbandes bildender künstler*innen berlin GmbH (Ed.), *40 Jahre Büro für Kunst im öffentlichen Raum 1977 - 2017.* Senatsverwaltung für Kultur und Europa Abteilung Kultur Berlin.

Endlich, Stefanie & Wurlitzer, Bernd (1990). *Skulpturen und Denkmäler in Berlin.* Stapp Verlag Berlin

Eschenhagen, Wieland & Judt, Matthias (2014). *Chronik Deutschland 1949-2014. 65 Jahre deutsche Geschichte im Überblick.* Bundeszentrale für politische Bildung.

Faulenbach, Bernd (2020). Diktaturerfahrungen und demokratische Erinnerungskultur in Deutschland. In *Orte des Erinnerns an die Sowjetischen Speziallager und Gefängnisse in der SBZ/DDR*. Bundesstiftung zur Aufarbeitung der SED-Diktatur.

Fibich, Peter (1999). *Gedenkstätten, Mahnmale und Ehrenfriedhöfe für die Verfolgten des Nationalsozialismus. Ihre landschaftsarchitektonische Gestaltung in Deutschland 1945 bis 1960*. Technische Universität Dresden. Retrieved from https://tud.qucosa.de/api/qucosa%3A24730/attachment/ATT-0/ (2021.06.06)

Fischer-Defoy, Christine (1985). Zur Praxis. In *Aktives Museum e. V. (Ed.), Zum Umgang mit einem Erbe*.

Franke, Uta (2002). Am treffendsten läßt sich meine Berufsbezeichnung mit Bildhauer umschreiben - Interview mit Gunter Demnig. In Arbeitsgruppe der NGBK (Gunter Demnig, Martin Düspohl, Stefanie Endlich, Andreas Hallen. Helga Lieser) (Ed.) *Stolpersteine*. Neuen Gesellschaft für Bildende Kunst e.V.

Frey, Anja (1993). Ein Blümlein aufs Millionengrab. In Büchten, Daniela & Frey, Anja (Ed.), *Im Irrgarten deutscher Geschichte. Die Neue Wache 1818-1993, Schriftenreihe des Aktiven Museums Faschismus und Widerstand in Berlin e. V. Nr. 5*. Aktives Museum e.V.

Fuchs, Kathrin (2011). Die Denkmäler Jenny Holzers: ambivalente Konzepte für die Auseinandersetzung mit der Vergangenheit. Inaugural-Dissertation in der Philosophischen Fakultät und Fachbereich Theologie der Friedrich-Alexander-Universität Erlangen-Nürnberg.

Gillis, John R. (1994). Commemorations. *The Politics of National Identity*. Princeton University Press.

Habermas, Jürgen (1990). *Die nachholende Revolution: Kleine politische Schriften VII*. Suhrkamp Verlag.

Harrison, Hope M. (2019). *After the Berlin Wall. Memory and the Making of the New Germany, 1989 to the Present*. Cambridge University Press.

Haus der Kunst München (2009). *Neue Gruppe. Verschiedene Werke von Mitgliedern der neuen Gruppe im Haus der Kunst 1953 – 2008*. Haus der Kunst München.

Heimrod, Ute; Schlusche, Günter & Seferens, Horst (1999). *Der Denkmalstreit - das Denkmal?. Die Debatte um das „Denkmal für die ermordeten Juden Europas". Eine Dokumentation*. Philo.

Heinrich, Christoph (2005). No Place for a Wreath. In Museum of Art, Fort Lauderdale (Ed.), *Renate Stih & Frieder Schnoch – Berlin Messages, Publication for exhibition*. Retrieved from http://www.stih-schnock.de/cat_moafl.pdf (2019.10.26)

Heinze, Andreas (2002). Truppenübungsplatz Döberitz. 1894-1945. fenix druck

Hennings-Rezaii, Julia (1997). Das Gegendenkmal von Alfred Hrdlicka am Dammtordamm. Diplomica

Herf, Jeffrey (1997). *Divided Memory the Nazi Past in the Two Germanys*. Harvard University Press.

Höft, Andrea (2015), Holocaust-Photoausstellung. In Fischer, Torben & Lorenz, Matthias N. (Ed.), *Lexikon der »Vergangenheitsbewältigung« in Deutschland. Debatten-*

und Diskursgeschichte des Nationalsozialismus nach 1945, 3., überarbeitete und erweiterte Auflage. Transcript Verlag

Hoheisel, Horst & Knitz, Andreas (2012). Das Denkmal der grauen Busse – Ein offener Prozess. In *Das Denkmal der Grauen Busse. Erinnerungskultur in Bewegung*. Verlag Psychiatrie und Geschichte.

Huhnholz, Sebastians (2018). Geschichte/Gedenken. In Voigt, Rüdiger (Ed.), *Handbuch Staat*. Springer.

Jochmann, Herbert (2001). *Öffentliche Kunst als Denkmalkritik*. VDG Weimar - Verlag und Datenbank für Geisteswissenschaften.

Jones, Steve (2006). *Antonio Gramsci*. Routledge.

Kaiser, Katharina & Eschebach, Insa (1994). Ein Denkmal und keine Gedenkstätte. Ein Gespräch mit Bewohnern des Bayerischen Viertels, die den Denkmalsprozess in Gang gebracht haben. In Kunstamt Schöneberg. Schöneberg Museum in Zusammenarbeit mit der Gedenkstätte Haus der Wannsee-Konferenz (Ed.), *Orte des Erinnerns, das Denkmal im bayrischen Viertel, Bd. 1*. Edition Hentrich

Kaminsky, Anna (2016). *Orte des Erinnerns: Gedenkzeichen, Gedenkstätten und Museen zur Diktatur in SBZ und DDR, 3. überarbeitete und erweiterte Auflage*. Ch. Links Verlag.

Koch, Carina & Lorenz, Matthias N. (2015). Kniefall von Warschau. In Fischer, Torben & Lorenz, Matthias N. (Ed.), *Lexikon der »Vergangenheitsbewältigung« in Deutschland. Debatten- und Diskursgeschichte des Nationalsozialismus nach 1945, 3., überarbeitete und erweiterte Auflage*. Transcript Verlag

Kogon, Eugen (2004). *Der SS-Staat. Das System der deutschen Konzentrationslager*. Heyne.

Kollektiv Buchenwald (1996). Zur Gestaltung der Gedenkstätte Sachsenhausen. In *Von der Erinnerung zum Monument. Die Entstehungsgeschichte der Nationalen Mahn- und Gedenkstätte* Sachsenhausen, Schriftreihe der Stiftung Brandenburgische Gedenkstätten, Band Nr. 8. Gedenkstätte und Museum Sachsenhausen.

Kößler, Reinhart (2013). Der Windhoeker Reiter. In Zimmerer, Jürgen(Ed.), *Kein Platz an der Sonne. Erinnerungsorte der deutschen Kolonialgeschichte*. Bundeszentrale für politische Bildung.

Krause-Vilmar, Dietfrid (1982). Das zeitgenössische Wissen um die NS-Konzentrationslager, an einem Beispiel aus dem Regierungsbezirk Kassel. In Garlichs, Ariadne & Messner, Rudolf u.a. (Ed.), *Unterrichtet wird auch morgen noch*. Scriptor

Krause-Vilmar, Dietfrid (2003). Die nationalsozialistische Machtergreifung 1933 in der Stadt Kassel, Urspr. Vortrag in der Volkshochschule Kassel 1999. Später mehrfach veröffentlicht, u.a. In Arbeitsgemeinschaft Arbeit und Leben Kassel (Ed.), *Kassel und Nordhessen in derZeit des Nationalsozialismus. Dokumentation einer Vortragsreihe*.

Kroll, Bruno (1939). *Richard Scheibe – Ein deutscher Bildhauer*. Berlin Rembrandt

Kunstamt Kreuzberg (1990). *Kreuzberger Antifaschistisches Gedenktafelprogramm 1985-1990 und Gedenkzeichen an den Orten des jüdischen Gemeindelebens vor 1941*. Kunstamt Kreuzberg.

Kunstamt Schöneberg, Schöneberg Museum in Zusammenarbeit mit der Gedenkstätte Haus der Wannsee-Konferenz (1994). *Orte des Erinnerns, das Denkmal im bayrischen Viertel, Bd. 1.* Edition Hentrich

Lange, Stefan (1993). Etappen eines Diskussionsverlaufs. In Büchten, Daniela & Frey, Anja (Ed.), *Im Irrgarten deutscher Geschichte. Die Neue Wache 1818-1993, Schriftenreihe des Aktiven Museums Faschismus und Widerstand in Berlin e. V. Nr. 5.* Aktives Museum e.V.

Langer, Antje (2015a). Holocaust-Denkmal in Berlin. In Fischer, Torben & Lorenz, Matthias N. (Ed.), *Lexikon der »Vergangenheitsbewältigung« in Deutschland. Debatten- und Diskursgeschichte des Nationalsozialismus nach 1945, 3., überarbeitete und erweiterte Auflage.* Transcript Verlag

Langer, Antje (2015b). Euthanasie-Prozesse und -Debatten. In Fischer, Torben & Lorenz, Matthias N. (Ed.), *Lexikon der »Vergangenheitsbewältigung« in Deutschland. Debatten- und Diskursgeschichte des Nationalsozialismus nach 1945, 3., überarbeitete und erweiterte Auflage.* Transcript Verlag

Lefebvre, Henri (1991). *The Production of Space.* (Nicholson-Smith, Donald). Basil Blackwell Ltd. (Original work published 1974)

Lindqvist, Sven (1978). Gräv där du står - Hur man utforskar ett jobb. Bonnier.

Lindqvist, Sven (1985). „Grabe, wo du stehst" - Das schwedische Beispiel. In Heer, Hannes & Ullrich, Volker (Ed.), *Geschichte entdecken – Erfahrungen und Projekte der neuen Geschichtsbewegung.* Rowohlt.

Lindqvist, Sven (1989). Grabe, wo du stehst: Handbuch zur Erforschung der eigenen Geschichte (M. Dammeyer, Trans.). Dietz.

Meister, Jochen (1993). Die Neue Wache als „Ehrenmal deutschen heldischen Sterbens". In Büchten, Daniela & Frey, Anja (Ed.), *Im Irrgarten deutscher Geschichte. Die Neue Wache 1818-1993, Schriftenreihe des Aktiven Museums Faschismus und Widerstand in Berlin e. V. Nr. 5.* Aktives Museum e.V.

Michels, Stefanie (2013). Der Askari. In Zimmerer, Jürgen(Ed.), Kein Platz an der Sonne. Erinnerungsorte der deutschen Kolonialgeschichte. Bundeszentrale für politische Bildung.

Mitscherlich, Alexander & Mitscherlich, Margarete (1967). *Die Unfähigkeit zu trauern: Grundlagen kollektiven Verhaltens.* Piper Verlag GmbH.

Morsch, Günter (2005). Der Umgang mit dem Erbe der DDR in den früheren Mahn- und Gedenkstätten: Das Beispiel Sachsenhausen. In *„Asymmetrisch verflochtene Parallelgeschichte?" Die Geschichte der Bundesrepublik und der DDR in Ausstellungen, Museen und Gedenkstätten, Geschichte und Erwachsenenbildung. Band 19.* Klartext-Verlag.

Munzert, Maria (2015). Neue Antisemitismuswelle. In Fischer, Torben & Lorenz, Matthias N. (Ed.), *Lexikon der »Vergangenheitsbewältigung« in Deutschland. Debatten- und Diskursgeschichte des Nationalsozialismus nach 1945, 3., überarbeitete und erweiterte Auflage.* Transcript Verlag

Musial, David (2015). Wiedergutmachungs- und Entschädigungsgesetze. In Fischer,

Torben & Lorenz, Matthias N. (Ed.), *Lexikon der »Vergangenheitsbewältigung« in Deutschland. Debatten- und Diskursgeschichte des Nationalsozialismus nach 1945, 3., überarbeitete und erweiterte Auflage.* Transcript Verlag

Neumärker, Uwe & Baumann, Ulrich (2013). Der Weg in den Holocaust – die nationalsozialistischen Patientenmorde in Europa. In Endlich, Stefanie; Falkenstein, Sigrif; Lieser, Helga & Sroka, Ralf (Ed.) Tiergartenstraße 4. Geschichte eines schwierigen Ortes. Metropol

Nora, Pierre (1998). *Zwischen Geschichte und Gedächtnis.* (Kaiser, Volfgang). Fischer Taschenbuch Verlag (Original work published 1984)

Pakasaar, Helga (1999). Please Think On. In: Gerz, Jochen & Museum of Modern Art Bolzano(Ed.), *Res Publica, The Public Works 1968-1999.* Hatje Cantz Publishers.

Reuter, Elke & Hansel, Detlef (1997). *Das kurze Leben der VVN von 1947 bis 1953.* edition ost.

Richter, Christine (1999). Sinti und Roma gegen getrennte Gedenkstätten. In *Der Denkmalstreit - das Denkmal?. Die Debatte um das „Denkmal für die ermordeten Juden Europas". Eine Dokumentation.* Philo.

Richter, Erika (1992). Forschendes Lernen und Unterrichtspraxis. In Schülerwettbewerb Deutsche Geschichte um den Preis des Bundespräsidenten & Ernst Klett Schulbuchverlag (Ed.), *Forschendes Lernen im Geschichtsunterricht,* Ernst Klett Schulbuchverlag GmbH.

Riegl, Alois (1903). *Der moderne Denkmalkultus. Sein Wesen und seine Entstehung.* Verlage von W. Braumüller, Wien & Leipzig

Röger, Maren (2015). Bitburg-Affäre. In Fischer, Torben & Lorenz, Matthias N. (Ed.), *Lexikon der »Vergangenheitsbewältigung« in Deutschland. Debatten- und Diskursgeschichte des Nationalsozialismus nach 1945, 3., überarbeitete und erweiterte Auflage.* Transcript Verlag

Rothfels, Hans (1962). *The German Opposition to Hitler, Foundation for Foreign Affairs Series, No. 6., New Revised Edition.* Henry Regnery Company.

Rudnick, Carola S. (2015). In Fischer, Torben & Lorenz, Matthias N. (Ed.), *Lexikon der »Vergangenheitsbewältigung« in Deutschland. Debatten- und Diskursgeschichte des Nationalsozialismus nach 1945, 3., überarbeitete und erweiterte Auflage.* Transcript Verlag

Scharf, Helmut (1984). *Kleine Kunstgeschichte des deutschen Denkmals.* WBG (Wissenschaftliche Buchgesellschaft).

Schlusche, Günter (2018). Berlin im Abriss, Berlin im Aufbruch – Die verwahrlose Stadt als Gegenstand der Stadtplanung: IBA und Zentraler Bereich. In *Am Rand der Welt: Die Mauerbrache in West-Berlin in Bildern von Margret Nissen und Hans W. Mende.* Ch. Links Verlag.

Schmidt, Leo (2009). Vom Symbol der Unterdrückung zur Ikone der Befreiung – Auseinandersetzung, Verdrängung, Memorialisierung. In *Die Berliner Mauer. Vom Sperrwall zum Denkmal. Schriftenreihe des Deutschen Nationalkomitees für Denkmalschutz.* Nationalkomitee, Geschäftsstelle der Bundesregierung für Kultur und Medien.

Schönfeld, Martin (1991). *Gedenktafel in Ost-Berlin, Schriftreihe Aktives Museum, Band 4.* Aktives Museum e. V.

Schönfeld, Martin (1993). *Gedenktafeln in West-Berlin, Schriftenreihe Aktives Museum Band 6.* Aktives Museum e. V.

Schubert, Dietrich (1976). Das Denkmal für die Märzgefallenen 1920 von Walter Gropius in Weimar und seine Stellung in der Geschichte des neueren Denkmals. In *Jahrbuch der Hamburger Kunstsammlungen, 21.* Dr. Ernst Hauswedell & Co. Verlag.

Schulte-Varendorff, Uwe (2006). *Kolonialheld für Kaiser und Führer. General Lettow-Vorbeck – Mythos und Wirklichkeit.* Ch. Links Verlag.

Schulz-Jander, Eva (1999). Erinnerung hat keine Gestalt. In *Zermahlene Geschichte. Kunst als Umweg.* Weimar: Thüringisches Hauptstaatsarchiv.

Schumacher-Lange, Silke (2012). Denkmalpflege und Repräsentationskultur in der DDR. Der Wiederaufbau der Straße Unter den Linden 1945 –1989. Stiftung Universität Hildesheim

SME（2021）。怪奇人體研究所：42 個充滿問號的人體科學故事。時報出版。

Spies, Birgit (1993). Aus einem unabgeschlossenen Kapitel. In Büchten, Daniela & Frey, Anja (Ed.), *Im Irrgarten deutscher Geschichte. Die Neue Wache 1818-1993, Schriftenreihe des Aktiven Museums Faschismus und Widerstand in Berlin e. V. Nr. 5.* Aktives Museum e.V.

Springer, Peter (1989). Denkmal und Gegendenkmal. In Ekkehard Mai/Gisela Schmirber (Ed.), *Denkmal – Zeichen – Monument. Skulptur und ö entlicher Raum heute.* Prestel Verlag.

Stöss, Richard (2007). Rechtsextremismus im Wandel. Friedrich-Ebert-Stiftung.

Straka, Barbara (1993). Normalität des Schreckens. Eine Denk-Installation für das Bayerische Viertel in Berlin. In Renata Stih & Frieder Schnock (Ed.), *Orte des Erinnerns / Places of Remembrance in Berlin.*

Szeemann, Harald (1999). Ein Denkmal für die ermordeten Juden Europas. In *Der Denkmalstreit - das Denkmal?. Die Debatte um das „Denkmal für die ermordeten Juden Europas". Eine Dokumentation.* Philo.

Thijs, Krijn (2008). *Drei Geschichten, eine Stadt: Die Berliner Stadtjubiläen von 1937 und 1987.* Zentrums für Zeithistorische Forschung Potsdam.

Von Buttlar, Florian (1994). Ein Kunstwettbewerb als ideengeschichtliche Sammlung. In Kunstamt Schöneberg. Schöneberg Museum in Zusammenarbeit mit der Gedenkstätte Haus der Wannsee-Konferenz (Ed.), *Orte des Erinnerns, das Denkmal im bayrischen Viertel, Bd. 1.* Edition Hentrich

Wegmann, Klaus (1979). *Mahn- und Gedenkstätten in der Deutschen Demokratischen Republik. Bild- und Leseheft für die Kunstbetrachtung.* Volk und Wissen Volkseigener Verlag Berlin.

Weißler, Sabine (1985). Zur Chronologie. In Aktives Museum e. V. (Ed.), *Zum Umgang mit einem Erbe.*

Wenk, Silke (2002). Sacrifice and Victimization in the Commemorative Practices of Nazi Genocide after German Unification—Memorials and Visual Metaphors. In Eghigian, Gregg & Berg, Matthew Paul (Ed.), *Sacrifice and National Belonging in Twentieth-Century Germany, University of Texas at Arlington.* Texas A&M University Press.

Wenzel, Gisela (1987). *Katalog zur Open-Air-Ausstellung im Kleistpark "Flanieren im Schatten der Vergangenheit".* Bezirksamt Schöneberg.

Wiedmer, Caroline (1993). "Remembrance in Schöneberg". In Renata Stih & Frieder Schnock (Ed.), *Orte des Erinnerns / Places of Remembrance in Berlin.*

Wijsenbeek, Dinah (2010). Denkmal und Gegendenkmal. *Über den kritischen Umgang mit der Vergangenheit auf dem Gebiet der bildenden Kunst.* Meidenbauer

Winkler, Klaus-Jürgen & Van Bergeijk, Herman (2004). *Das Märzgefallenen-Denkmal in Weimar.* Bauhaus-Universität Weimar Universitätsverlag.

Würstenberg, Jenny (2020). *Zivilgesellschaft und Erinnerungspolitik in Deutschland seit 1945.* Bundeszentrale für politische Bildung.

Zeller, Joachim (2000). *Kolonialdenkmäler und Geschichtsbewusstsein. Eine Untersuchung der kolonialdeutschen Erinnerungskultur.* IKO-Verlag für Interkulturelle Kommunikation.

Zeller, Ursula & Insitut für Auslandsbeziehungen (2007). *Die deutschen Beiträge zur Biennale Venedig 1895-2007.* DuMont Literatur und Kunst Verlag

期刊

中央社（2017.12.05）。促進轉型正義條例大事記。檢自 http://www.cna.com.tw/news/aipl/201712050372-1.aspx（2018.05.25）

汪宏倫（2021.04.03）。我們能和解共生嗎？：反思台灣的轉型正義與集體記憶。思想，42，1-65。

葉俊榮（2000）。行政院國家科學委員會專題研究計畫成果報告－轉型正義初探。檢自 https://scholars.lib.ntu.edu.tw/bitstream/123456789/125590/1/892414H002012.pdf（2019.11.11）

方小平（2003.10）。赤腳醫生與合作醫療制度——浙江省富陽縣個案研究。二十一世紀雙月刊 2003 年 10 月號總第七十九期，89-90。

Aktives Museum. Faschismus und Widerstand in Berlin e.V. (1993). *Mitgliederrundbrief Nr. 24, Dezember 1993.* Retrieved from https://www.aktives-museum.de/fileadmin/user_upload/Extern/Dokumente/rundbrief_24.pdf (2021.02.28)

Augstein, Rudolf (1998). „Wir sind alle verletzbar". In Der Spiegel, Nr. 49, 30 Nov. 1998. Retrieved from https://magazin.spiegel.de/EpubDelivery/spiegel/pdf/7085973 (2020.07.08)

Authaler, Caroline (2019). Das Völkerrechtliche Ende des deutschen Kolonialreichs. Globale Neuordnung und transnationale Debatten in den 1920er Jahren und ihre Nachwirkungen.In *Aus Politik und Zeitgeschichte, 69. Jahrgang, 40–42/2019, Deutsche Kolonialgeschichte.*Bundeszentrale für politische Bildung.

Bade, Klaus J. (2015.06.12). *Zur Karriere und Funktion abschätziger Begriffe in der deutschen Asylpolitik – Essay. In Aus Politik und Zeitgeschichte (ApuZ), 25/2015.* Bundeszentrale für politische Bildung. Retrieved from https://www.bpb.de/apuz/207999/zur-karriere-abschaetziger-begriffe-in-der-deutschen-asylpolitik (2021.08.10)

Brink, Nana, Götz, Uschi & Petermann, Anke (2014). Der vergessene Widerstand. Deutschlandfunk Kultur. Retrieved from https://www.deutschlandfunkkultur.de/geschichte-der-vergessene-widerstand.1001.de.html?dram:article_id=292162 (2021.09.15)

Bundeszentrale für politische Bildung (2012). *Fernsehen als Massenmedium - Die Entwicklung zum Massenmedium in West und Ost.* Retrieved from https://www.bpb.de/gesellschaft/medien/deutsche-fernsehgeschichte-in-ost-und-west/143315/entwicklung-zum-massenmedium (2020.04.08)

Bundeszentrale für politische Bildung (2019.08.15). *Vor 80 Jahren: Beginn der NS-"Euthanasie"-Programme.* Retrieved from https://www.bpb.de/politik/hintergrund-aktuell/295244/ns-euthanasie (2020.12.29)

Conrad, Andreas & Kiesel, Robert (2019.06.17). Berlin erinnert sich an den 17. Juni 1953. *Tagesspiegel.* Retrieved from https://www.tagesspiegel.de/berlin/gedenkorte-in-der-stadt-berlin-erinnert-sich-an-den-17-juni-1953/24461550.html (2021.08.01)

De Paez Casanova, Barbara Bollwahn (1999.01.08). Siegerentwurf zum 17. Juni 1953 ist vom Tisch. In *taz.* Retrieved from https://taz.de/!1308063/ (2021.08.09)

Der Spiegel (1958). Bald funkt es wieder. *Der Spiegel, 28/1958.* Retrieved from https://www.spiegel.de/politik/bald-funkt-es-wieder-a-fe833e29-0002-0001-0000-000041761831 (2021.08.01)

Der Spiegel (1968). Stumpfer Stern, In Der Spiegel, Jahrgang 1968, Heft 39.

Der Spiegel (1970). Kniefall angemessen oder übertrieben. In *Der Spiegel.* Retrieved from https://www.spiegel.de/politik/kniefall-angemessen-oder-uebertrieben-a-861df9eb-0002-0001-0000-000043822427 (2021.11.04)

Der Spiegel (1983). „Ein kräftiger Schub für die Vergangenheit". SPIEGEL-Report über die neue Geschichtsbewegung in der Bundesrepublik. In *Der Spiegel 23.*

Der Spiegel (1983). „Ein kräftiger Schub für die Vergangenheit". SPIEGEL-Report über die neue Geschichtsbewegung in der Bundesrepublik. In *Der Spiegel, 23/1983.*

Der Spiegel (1994). „Wem gehört der Widerstand?" Das Stauffenberg-Attentat und die Last der doppelten Vergangenheit. *Der Spiegel, 28/1994.* Retrieved from https://magazin.spiegel.de/EpubDelivery/spiegel/pdf/13683193 (2020.02.28)

Der Spiegel (2004.08.15). Deutschland entschuldigt sich für Kolonialverbrechen. In *Der Spiegel.* Retrieved from https://www.spiegel.de/politik/ausland/wieczorek-zeul-in-namibia-deutschland-entschuldigt-sich-fuer-kolonialverbrechen-a-313373.html (2021.04.19)

Der Spiegel Geschichte (2008.01.25). Auf zum Strand von Tunix! In *Der Spiegel Geschichte.* Retrieved from https://www.spiegel.de/geschichte/soziale-bewegungen-a-949068.htmll> (2015.03.04)

Dingel, Frank & Hesse, Klaus (1989). Zum Umgang mit dem Gestapo-Gelände. Ein Diskussionsbeitrag von Frank Dingel od Klaus Hesse. Aktives Museum. Faschismus und Widerstand in Berlin e.V. (Ed.), *Mitgliederrundbrief Nr. 7. Mai 1989.* Retrieved from https://www.aktives-museum.de/fileadmin/user_upload/Extern/Dokumente/rundbrief_07.pdf (2020.06.26)

Endlich, Nikola (2020). „Die Worte sollen hart und kurz sein". Porträt Michael Friedrichs-Friedlaender verarbeitet beim Anfertigen der Stolpersteine auch seine eigene Familien. In *Freitag,Ausgabe 04/2020.* Retrieved from https://www.freitag.de/autoren/der-freitag/die-worte-sollen-hart-und-kurz-sein (2020.08.02)

Endlich, Stefanie (1997). „Less is more". Zur Diskussion um das Denkmal für die ermordeten Juden Europas. *Kunststadt-Stadtkunst, Nr. 42.* Informationsdienst des Kulturwerks des BBK Berlin.

Endlich, Stefanie (1998). Realisieren um jeden Preis? Zum geplanten Denkmal für die ermordeten Juden Europas. In *Kunststadt-Stadtkunst, Nr. 43.* Informationsdienst des Kulturwerks des BBK Berlin.

Endlich, Stefanie (1998). Wahlkampf, Versteckspiele und die Frage nach Alternativen. Zum geplanten Denkmal für die ermordeten Juden Europas. In *Kunststadt-Stadtkunst, Nr. 44.* Informationsdienst des Kulturwerks des BBK Berlin.

Endlich, Stefanie (1999). Pädagogik als Kalkül? Zum geplanten Denkmal für die ermordeten Juden Europas. In *Kunststadt-Stadtkunst, Nr. 45.* Informationsdienst des Kulturwerks des BBK Berlin.

Endlich, Stefanie (2001). Die Stele als Design-Prinzip. In *Kunststadt-Stadtkunst, Nr. 48.* Informationsdienst des Kulturwerks des BBK Berlin.

Epkenhans, Michael (2018.02.15). Säulen der Tradition. Preußische Reformer und Bürgersoldaten bleiben traditionsstiftend. *if Spezial - Zeitschrift für Innere Führung, Nr. 2.*, 28-35. Retrieved from https://www.bmvg.de/resource/blob/23698/efe0631df9942f5d6b8de9d1157e1fbb/20180416-if-spezial-data.pdf (2021.01.15)

Eschebach, Insa (1999). Geschlechtsspezifische Symbolisierungen im Gedenken: Zur Geschichte der Mahn- und Gedenkstätte Ravensbrück. *Metis: Zeitschrift für historische Frauen- und Geschlechterforschung, Jg. 8, Nr. 15.* edition ebersbach.

Finn, Gerhard (2002). Die Roten und Buchenwald. Vom schwierigen Werden einer zweifachen Gedenkstätte. In *Zeitschrift des Forschungsverbundes SED-Staat, Nr. 12/2002.* Forschungsverbund SED-Staat.

Fischer-Defoy, Christine (1993). Christine Fischer-Defoy zur Ausstellungseröffnung am 12.11.93. In Aktives Museum. Faschismus und Widerstand in Berlin e.V. (Ed.), *Mitgliederrundbrief Nr. 24, Dezember 1993.* Retrieved from https://www.aktives-museum.de/fileadmin/user_upload/Extern/Dokumente/rundbrief_24.pdf (2021.02.28)

Friedmann, Jan (2010). "Topographie des Terrors" - Manager des Massenmords. In *Der Spiegel.* Retrieved from https://www.spiegel.de/geschichte/topographie-des-terrors-a-948891.html (2020.05.26)

Führer, Susanne & Fischer-Defoy, Christine (2012.07.04). Wie eine Bürgerinitiative buchstäblich Geschichte ausgrub, In *Deutschlandfunk Kultur.* 04.07.2012, Retrieved from https://www.deutschlandfunkkultur.de/wie-eine-buergerinitiative-buchstaeblich-geschichte-ausgrub.954.de.html?dram:article_id=211331 (2020.05.20)

Gafke, Matthias (2016.09.07). Wie sich Rechtspopulisten zu Widerstandskämpfern stilisieren. In *FAZ*. Retrieved from https://www.faz.net/aktuell/politik/inland/afd-instrumentalisiert-bewegung-des-20-juli-um-graf-stauffenberg-14423288.html?printPagedArticle=true#pageIndex_2&service=printPreview (2020.02.28)

Gaserow, Vera (1994). Geschichte wachhalten. Zwei Berliner Künstler wollen den Verlauf der alten Mauer wieder sichtbar machen. In *Die Zeit, Nr. 37*. Retrieved from https://www.zeit.de/1994/37/geschichte-wachhalten (2019.05.11)

Gesa (2009.08.12). Steine des Anstoßes In *taz.* Retrieved from https://taz.de/Herero/!5158075/ (2021.04.17)

Georgiev, Anna (2016a). Gedenken nach dem Krieg. Zur Errichtung der Ersten-Opfer-des-Faschismus-Denkmäler in Berlin. *Gedenkstättenrundbrief 183 vom 1. Oktober 2016.* Retrieved from https://www.gedenkstaettenforum.de/uploads/media/GedenkRund183_44-50.pdf (2020.02.28)

Georgiev, Anna (2016b). Die ersten OdF-Denkmäler Berlins. In Aktives Museum. Faschismus und Widerstand in Berlin e.V. (Ed.), *Gedächtnisarbeit zur NS-Vergangenheit als gesellschaftspolitisches Projekt. Eine geschichtskulturelle Spurensuche. Mitgliederrundbrief 75 · August 2016.* Retrieved from https://www.aktives-museum.de/fileadmin/user_upload/Extern/Dokumente/rundbrief_75.pdf (2020.02.28)

Gessler, Philipp (2003.11.20). Mahnmal rückt näher. In *taz.* Retreived from https://taz.de/!677391/ (2021.12.20)

Giessler, Denis (2000.11.30). Mauer nicht von Dauer. Abriss Berliner Grenzanlagen 1990. In *taz.* Retrieved from https://taz.de/Abriss-Berliner-Grenzanlagen-1990/!5728741/ (2022.03.01)

Goldstein, Patrick (2019.11.09). Checkpoint Charlie: Falsche Soldaten nicht mehr geduldet. In *Berliner Morgenpost.* (2019.12.03)

Grote, Klaus D. (2019.06.28). Abgeseilt am Monument der Nationen. *MOZ*.de. Retrieved from https://www.moz.de/lokales/oranienburg/gedenkstaette-abgeseilt-am-monument-der-nationen-49027080.html (2021.06.16)

Gunter, Joel (2017.01.20). 'Yolocaust': How should you behave at a Holocaust memorial? In *BBC News*. Retrieved from https://www.bbc.com/news/world-europe-38675835 (2020.06.26)

Haase, Amine (1991). Wirklichkeit ohne Anführungszeichen. Amine Haase sprach mit Hans Haacke. In *Künstlergruppen. Von der Utopie einer kollektiven Kunst. Kunstforum. International Bd. 116, Nov./Dez 1991.*

Habermalz, Christiane (2018.02.16). Koloniales Nicht-Gedenken in Deutschland. In *Deutschlandfunk.* Retrieved from https://www.deutschlandfunk.de/erinnerungskultur-koloniales-nicht-gedenken-in-deutschland.691.de.html?dram:article_id=410982 (2021.04.10)

Hasselmann, Silke (2017.08.25). Das Stigma und Trauma von Rostock-Lichtenhagen. In *Deutschlandfunk Kultur*. Retrieved from https://www.deutschlandfunkkultur. de/brandanschlag-das-stigma-und-trauma-von-rostock-lichtenhagen.1001. de.html?dram:article_id=394344 (2021.08.10)

Hawley, Charles & Tenberg, Natalie (2005). "Es ist kein heiliger Ort" Interview mit Mahnmal-Architekt Peter Eisenman. In *Der Spiegel*. Retrieved from https://www. spiegel.de/kultur/gesellschaft/interview-mit-mahnmal-architekt-peter-eisenman-es-ist-kein-heiliger-ort-a-355383.html (2021.09.26)

Hein, Christina (2017.02.14). Der Künstler und das Brot. Bäckermeister Horst Becker erinnert sich an die Zusammmenarbeit mit Kunstprofessor Harry Kramer. In *Hessische Niedersächsische Allgemeine*. Retrieved from https://www.hna.de/kassel/kuenstler-und-brot-7433610.html (2020.09.30)

Heuwagen, Marianne (1997.02.17). Streit ums Gedenken. In *Süddeutsche Zeitung*.

Hockerts, Hans Günter (2013). Wiedergutmachung in Deutschland 1945–1990. Ein Überblick. In *Wiedergutmachung und Gerechtigkeit, Aus Politik und Zeitgeschichte (APuZ 25–26)*. Bundeszentrale für politische Bildung.

Hoffmann-Axthelm, Dieter (1978). Vom Umgang mit zerstörter Stadtgeschichte – festgemacht am Berliner Ausstellungsobjekt südliche Friedrichstadt. In *ARCH+ 40/41, Dez. 1978*. Arch+ Verlag GmbH.

Hoffmann-Axthelm, Dieter & Nachama, Andreas (2010). Ein Treffen im „Sprechzimmer der Geschichte". In *Bauwelt, No. 16, 2010*. Bauverlag BV GmbH.

Hutter, Dominik (2015.07.29). Münchner Stadtrat lehnt Stolpersteine ab. In *Süddeutsche Zeitung*. Retrieved from https://www.sueddeutsche.de/muenchen/gedenken-an-ns-opfer-stadtrat-lehnt-stolpersteine-ab-1.2586927 (2020.09.30).

Kerbs, Diethart (1982). „Jetzt nehmen wie die Geschichte selbst in die Hand!" Zur Gründung der Berliner Geschichtswerkstatt. In *Omnibus. Berliner Kulturzeitschrift, Nr. 6*. Berliner Kulturzeitschrift GmbH.

Kirsch, Jan-Holger(2003). Gedenkstätte und Museum Sachsenhausen. *Geschichte in Wissenschaft und Unterricht, 54*. Friedrich Verlag.

Knigge, Volkhard (1997.04.01). Die Zukunft der Gedenkstätten. Konstituierung der Arbeitsgemeinschaft der KZ-Gedenkstätten in der Bundesrepublik Deutschland. In *Gedenkstättenrundbrief 76*. Gedenkstättenforum.

Kühling, Gerd (2019.12.01). »Es kam eigentlich zum richtigen Zeitpunkt« Ulrich Eckhardt und Thomas Flierl im Gespräch über die Präsentation der Ausstellung Topographie des Terror. In *Gedenkstättenrundbrief 196*. Gedenkstättenforum. Retrieved from https://www.gedenkstaettenforum.de/nc/gedenkstaettenrundbrief/rundbrief/news/es_kam_eigentlich_zum_richtigen_zeitpunkt_ulrich_eckhardt_und_thomas_flierl_im_gespraech_ueber/ (2021.09.30)

Lackmann, Thomas (2016.05.28). Risse in den Stelen. Reparatur am Holocaust-Mahnmal. In *Tagesspiegel*. Retrieved from https://www.tagesspiegel.de/berlin/risse-in-den-stelen-reparatur-am-holocaust-mahnmal/13648230.html (2020.07.11)

Langowski, Judith (2018.06.07). Stolperstein-Macher: „Ich drücke oft ein paar Tränen weg". In *Tagesspiegel*. Retrieved from https://www.tagesspiegel.de/berlin/michael-friedrichs-friedlaender-aus-berlin-stolperstein-macher-ich-druecke-oft-ein-paar-traenen-weg/22634818.html (2020.08.02)

Lindqvist, Sven (1979). Dig where you stand. In *Oral History, Vol. 7, No. 2, Autumn 1979*. Oral History Society.

Longerich, Melanie (2012.10.23). Späte Würdigung von NS-Opfern. Das Mahnmal für die ermordeten Sinti und Roma. In *Deutschlandfunk*. Retrieved from https://www.deutschlandfunk.de/spaete-wuerdigung-von-ns-opfern-100.html (2021.08.23)

Louis, Chantal (2007). Die Zeit der Maskierung. In *Emma, Ausgabe Januar/Februar 2007*. Retrieved from https://www.emma.de/artikel/lesben-unterm-hakenkreuz-die-zeit-der-maskierung-263386 (2021.09.20)

Loy, Thomas (2008.10.05). 30 Jahre Alternative Liste. Wir wählen uns jetzt selbst! In. *Tagesspiegel*. Retrieved from https://www.tagesspiegel.de/berlin/30-jahre-alternative-liste-wir-waehlen-uns-jetzt-selbst/1339202.html (2020.08.26)

Mattenklott, Gert (1993). Denkmal. In *DAIDALOS. Architektur - Kunst - Kultur. Berlin Architectural Journal. 49/1993:* Denkmal / Monument. Bertelsmann.

Matzner, Florian (1994). Hans Haacke - ein Künstler im Öffentlichen Dienst. In *kritische berichte - Zeitschrift für Kunst- und Kulturwissenschaften, Bd. 22 Nr. 3*. Ulmer Verein - Verband für Kunst- und Kulturwissenschaften e.V.

Meier, Christian (1997.02.08). Blindlings auf die falsche Entscheidung zusteuern? Das Berliner Holocaust-Denkmal muß neu überdacht werden. In *Focus, Nr. 7*. Retrieved from https://www.focus.de/kultur/diverses/standpunkt-blindlings-auf-die-falsche-entscheidung-zusteuern_aid_164300.html (2020.07.08)

Mellmann, Anne-Katrin (2003.04.09). Zwei Gedenkstätten - eine Geschichte. In *Deutsche Welle*. Retrieved from https://p.dw.com/p/3SsJ (2021.12.20)

Miles, Malcolm (2010). Remembering the unrememberable – the Harburg monument against fascism (Jochen and Esther Shalev Gerz, 2009). *Art History & Criticism, Volume 6.*, 63-71. Retrieved from https://vdu.lt/cris/bitstream/20.500.12259/32098/1/ISSN1822-4547_2010_N_6.PG_63-71.pdf (2016.04.01)

Müllender, Bernd (1982.10.08). Kriegerdenkmal-Umwidmung: Stein des Anstoßes. In *DIE ZEIT Nr. 41*. Retrieved from https://www.zeit.de/1982/41/stein-des-anstosses (2020.11.25)

Mwilima, Harrison (2020.12.13). Von den Nazis ermordet und dann vergessen. In *Deutsche Welle*. Retrieved from https://p.dw.com/p/3mRBB (2021.04.02)

Nathan, Carola (2015.02). Für die, so im Kampfe blieben. *MONUMENTE - Magazin für Denkmalkultur in Deutschland, Nr.1*. Retrieved from https://www.monumente-online.de/de/ausgaben/2015/1/fuer-die-so-im-kampfe-blieben.php (2021.01.15)

Naumann, Michael & Tagesspiegel (1998.12.21). "Ein Museum kann auch Mahnmal sein". Interview mit Michael Naumann. In *Der Tagesspiegel*. Retrieved from https://www.tagesspiegel.de/kultur/ein-museum-kann-auch-mahnmal-sein/67966.html (2020.07.10)

Neues Deutschland (2000.12.22). Ein Gedenkstein wird ergänzt. In *Neues Deutschland*. Retrieved from https://www.neues-deutschland.de/artikel/893561.ein-gedenkstein-wird-ergaenzt.html (2021.02.21)

Neues Deutschland (2018.05.29). Rechtsextreme Übergriffe seit 1990 - eine Auswahl. In *Neues Deutschland*. Retrieved from https://www.neues-deutschland.de/artikel/1089400.rechtsextreme-uebergriffe-seit-eine-auswahl.html (2020.09.24)

Perspektive Berlin e.V. (1989). 2. Aufruf an den Berliner Senat, an die Regierungen der Bundesländer, an die Bundesregierung. *Der Spiegel, Nr. 14*. Retrieved from https://magazin.spiegel.de/EpubDelivery/spiegel/pdf/13493412 (2020.06.26)

Pfaff, Jan; Voß, Hanna & Zimmermann, Felix (2019.11.09). Erinnerung to go. In *taz*.

Rosh, Lea (1997.01.14). Wird Denkmal zerredet? In *Neues Deutschland*. Retrieved from https://www.neues-deutschland.de/artikel/643091.wird-denkmal-zerredet.html (2020.07.08)

Sabrow, Martin (2008). Heroismus und Viktimismus. Überlegungen zum deutschen Opferdiskurs in historischer Perspektive. *Potsdamer Bulletin für Zeithistorische Studien, Nr. 43–44*.

Salchert, Monika (2008.03.06). Länderspiegel zum Beispiel - Frank Steffes. In *DIE ZEIT Nr.11*. Retrieved from https://www.zeit.de/2008/11/Frank_Steffes (2020.10.05)

Schaller, Dominik J. (2004). «Ich glaube, dass die Nation als solche vernichtet werden muss»: Kolonialkrieg und Völkermord in «Deutsch-Südwestafrika» 1904–1907. In *Journal of genocide research. Band 6, 2004, Ausg. 3*. Routledge.

Schmidt, Thilo (2018.05.28). „Die Menschen waren in einem Schockzustand". 25 Jahre nach dem fremdenfeindlichen Mordanschlag in Solingen. In *Deutschlandfunk Kultur*. Retrieved from https://www.deutschlandfunkkultur.de/25-jahre-nach-dem-fremdenfeindlichen-mordanschlag-in.1001.de.html?dram:article_id=418902 (2021.08.10)

Schmidtbauer, Bernhard (2017.08.02). So berichteten Rostocker Medien über Lichtenhagen. In *Ostsee-Zeitung*. Retrieved from https://www.ostsee-zeitung.de/Mecklenburg/Rostock/So-berichteten-Rostocker-Medien-ueber-Lichtenhagen (2021.09.26)

Scholten, Adelheid (2013). Zwangzig Jahre Orte des Erinnerns. Denkmal zur Ausgrenzung und Entrechtung, Vertreibung, Deportation und Ermordung von Berliner Juden in den Jahren 1933-1945 von Renata Stih und Frieder Schnock. In *Kunststadt-Stadtkunst, Nr. 60*. Informationsdienst des Kulturwerks des BBK Berlin.

Schreiber, Hermann (1970). Ein Stück Heimkehr. In *Der Spiegel*. Retrieved from https://www.spiegel.de/spiegel/print/d-43822428.html (2020.04.23)

Schubert, Dietrich (1976). Das Denkmal für die Märzgefallenen 1920 von Walter Gropius in Weimar und seine Stellung in der Geschichte des neueren Denkmals. *Jahrbuch der Hamburger Kunstsammlungen, Band 21*.

Schulz, Luise & Katholische Schule Liebfrauen (2018.09.03). Im Autotank über die Grenze. In *FAZ*. Retrieved from https://www.faz.net/-guy-9d8v3 (2021.08.21)

Schwab, Waltraud (2006.03.28). Das Mahnmal der anderen Seite. In *taz*. Retrieved from https://taz.de/!454737/ (2019.11.11)

Speitkamp, Winfried (2004). Der Totenkult um die Kolonialheroen des Deutschen Kaiserreichs. In Westphal, Siegrid; Ortlieb, Eva & Baumann, Anette in Verbindung mit dem Netzwerk Reichsgerichtsbarkeit (Ed.), *Zeitenblicke. 3 , Nr. 1. Universität zu Köln*. Retrieved from http://www.zeitenblicke.de/2004/01/speitkamp/Speitkamp.pdf (2021.03.30)

Steinberger, Petra (2010.05.17). Lea Rosh - Streitbare und oftmals siegreiche Publizistin und Mit-Initiatorin des Holocaust-Mahnmals in Berlin. In *Süddeutsche Zeitung*. Retrieved from https://www.sueddeutsche.de/kultur/im-portraet-lea-rosh-1.425832 (2020.06.26)

Strauss, Stefan (2005.10.24). Einst bei der Stasi, heute bei der Demo: Mahnmal erinnert an MfS-Opfer — nicht alle sind damit einverstanden. In *Berliner Zeitung, Nr. 245*.

Stremmel, Jan (2019.11.08). Träume aus Beton. In *Süddeutsche Zeitung*. Retrieved from https://www.sueddeutsche.de/leben/mauerfall-berlin-reste-usa-1.4669029 (2021.08.20)

Süddeutsche Zeitung (2014.05.22). Marode Gedenkstätte in Berlin.Das Holocaust-Mahnmal zerfällt. In *Süddeutsche Zeitung*. Retrieved from https://www.sueddeutsche.de/kultur/marode-gedenkstaette-in-berlin-das-holocaust-mahnmal-zerfaellt-1.1971754 (2020.07.11)

taz (1989.10.03). Gestapo-Ausstellung in Ost-Berlin. In *taz*. Retrieved from https://taz.de/!1796362/ (2021.09.30)

Thiele-Dohrmann, Klaus (1983.11.27). Hrdlicka für Mahnmal. In *Deutsches Allgemeines Sonntagsblatt, 27. 11. 1983, No. 48*.

Thielke, Thilo (2016.01.25). Aufstand an der Küste. In *Der Spiegel Geschichte, Nr. 1*.

Westdeutscher Rundfunk (2010). *Gedenksteine als Teil der Serienhandlung. "Stolpersteine" in der "Lindenstraße"*. Retrieved from https://www1.wdr.de/daserste/lindenstrasse/neuigkeiten/stolpersteine166.html (2020.09.30)

Wiehler, Stephan (2000.06.01). Kunst auf dem Schlossplatz: Zwei Künstler planen ein Denkmal, in dem die Deutschen vier Wochen ihre schmutzige Wäsche waschen können. In *Tagesspiegel*. Retrieved from https://www.tagesspiegel.de/berlin/kunst-auf-dem-schlossplatz-zwei-kuenstler-planen-ein-denkmal-in-dem-die-deutschen-vier-wochen-ihre-schmutzige-waesche-waschen-koennen/145028.html (2021.08.22)

Young, E. James (1992). "The Counter-Monument: Memory against Itself in Germany Today." In *Critical Inquiry, Vol. 18, No. 2 (Winter, 1992)*. The University of Chicago Press.

ZDF(2019.12.29). *Gedenken an ermordete Juden - 75.000 Stolpersteine verlegt*. Retrieved from https://www.zdf.de/nachrichten/heute/75000ter-stolperstein-erinnert-an-das-schicksal-von-memminger-juden-100.html (2020.09.29)

Zeller, Helmut (2021.02.13). Kunst und Kolonialismus. Die Lebenslüge vom anderen Dachau. In *Süddeutsche Zeitung*. Retrieved from https://www.sueddeutsche.de/muenchen/dachau/dachau-kunst-kolonialismus-nationalsozialismus-walter-von-ruckteschell-1.5204931 (2021.03.22)

Zeller, Joachim & Böhlke-Itzen, Janntje (2012). Eine schöne Erinnerung Wie der deutsche Kolonialismus heute verherrlicht wird, In *iz3w-Kolonialismusreader*. Aktion Dritte Welt e.V. - informationszentrum 3. welt.

Zimmerer, Jürgen (2009). Nationalsozialismus postkolonial. Plädoyer zur Globalisierung der deutschen Gewaltgeschichte. In *Zeitschrift für Geschichtswissenschaft, 57. Jahrgang, Heft 6*. Metropol Verlag

網站

全國法規資料庫，促進轉型正義條例（2017.12.27）。檢自 https://law.moj.gov.tw/LawClass/LawAll.aspx?pcode=A0030296（2018.05.25）

楊昀霖，照鏡子不是愛漂亮，是在認真做職能治療！（2015.02.17）。泛科學。檢自 https://pansci.asia/archives/75684（2020.12.02）

鍾宏彬，德鐵地下化正反激辯 樹立重大建設公民參與典範（2010.12.09）。檢自 https://e-info.org.tw/node/61752（2020.12.29）*Webseite der Stiftung Brandenburgische Gedenkstätten - Gedenkstätte und Museum Sachsenhausen.*

1961-1990 Nationale Mahn - und Gedenkstätte Sachsenhausen. Retrieved from https://www.sachsenhausen-sbg.de/geschichte/1961-1990-nationale-mahn-und-gedenkstaette-sachsenhausen/ (2021.06.17)

Adenauer, Konrad (1949). Erste Regierungserklärung von Bundeskanzler Adenauer. In Webseite der Konrad-Adenauer-Stiftung. Retrieved from https://www.kas.de/de/einzeltitel/-/content/erste-regierungserklaerung-von-bundeskanzler-adenauer (2020.04.08)

Afrika-Rat, Berliner Entwicklungspolitischer Ratschlag (BER), Berlin Postkolonial, Initiative Schwarze Menschen in Deutschland (ISD Bund), p.art.ners berlin-windhoek, Solidaritätsdienst-international (SODI) & Werkstatt der Kulturen (2009.09.23). *Verharmlosung von Völkermord - Neukölln plant Gedenkstein, der nicht für die Versöhnung mit Namibia geeignet ist.* Retrieved from https://www.africavenir.org/news-details/archive/2009/september/article/verharmlosung-von-voelkermord-neukoelln-plant-gedenkstein-der-nicht-fuer-die-versoehnung-mit-nami/print.html?cHash=e8325993c4b5c96d77c38ca2c96a70c0&tx_ttnews%5Bday%5D=25 (2021.04.17)

apabiz e.V. & Aktives Museum (2019). *Immer wieder? Extreme Rechte und Gegenwehr in Berlin seit 1945.* Retrieved from https://www.apabiz.de/immer-wieder/ (2020.05.31)

Arbeitskreis-Konfrontationen Berlin. *Die Mahn- und Gedenkstätte Ravensbrück.* Retrieved from http://www.arbeitskreis-konfrontationen.de/Kunst_als_Zeugnis/ Erinnerungskulturen/Ravensbrueck (2021.06.15)

Artist Collective SCHAUM. *Rostock-Lichtenhagen 1992.* Hansastadt Rostock, Amt für Kultur, Denkmalpflege und Museen. Retrieved from http://rostock-lichtenhagen-1992. de/index.html (2021.08.10)

Atelier Daucher. Elmar Daucher. Retrieved from https://klangsteine-elmar-daucher.de/ (2021.10.02)

Bartels, Rainer (2007.05.30). Die Euthanasie-Zentrale in der Tiergartenstraße 4. Berufsschüler stecken Euthanasie-Zentrale ab. In *Webseite von "Das Blaue Kamel" - Berliner Aktionsbündnis für Menschen mit Behinderungen.* Retrieved from http:// www.das-blaue-kamel.de/228.html?&cHash=fdae9bfa43d083c3f30dc8cd71 e6f367&tx_ttnews%5Bmonth%5D=05&tx_ttnews%5Btt_news%5D=117&tx_ ttnews%5Byear%5D=2007 (2021.09.01)

BauNetz (1998.11.04). Leuchtendes Schriftband. Wettbewerb für Berliner Denkmal „17. Juni 1953" entschieden. In *Website „BauNetz".* Retrieved from https://www. baunetz.de/meldungen/Meldungen_Wettbewerb_fuer_Berliner_Denkmal_17._ Juni_1953_entschieden_4385.html (2021.08.09)

Berlin LuftTerror (2019.11.02). *STEGLITZ. Der erhängte Soldat.* Retrieved from https:// www.berlinluftterror.com/blog/dererhangte-soldat (2020.08.22)

Berliner Geschichtswerkstatt. *Chronik des Vereins 1981 bis 1999.* Retrieved from http://www.berliner-geschichtswerkstatt.de/1981-1999.html (2020.05.29)

Berliner VVN-BdA. *Unsere Geschichte.* Retrieved from https://berlin.vvn-bda.de/ unsere-geschichte (2020.04.08)

Bezirksamt Charlottenburg-Wilmersdorf. *Persönlichkeiten und Gedenktafeln: Gedenktafel Otto Grüneberg.* Retrieved from https://www.berlin.de/ba-charlottenburg-wilmersdorf/ueber-den-bezirk/geschichte/persoenlichkeiten-und-gedenktafeln/ artikel.125668.php (2020.08.21)

Bohne, Andreas (2018.06). *1968 und deutscher Kolonialismus—war da was? Der Sturz des Wissmann-Denkmals in Hamburg.* Retrieved from https://www.rosalux.de/ publikation/id/38970#_ftnref1 (2021.03.31)

Bois, Marcel (2019.01). *Die Kunst! – Das ist eine Sache!, wenn sie da ist" Zur Geschichte des Arbeitsrates für Kunst in der frühen Weimarer Republik.* Retrieved from http://www.bauhaus-imaginista.org/articles/3207/the-art-that-s-one-thing-when-it-s-there/de (2021.01.19)

Brandt, Willy (1989). *Rede von Willy Brandt am 10. November 1989 vor dem Rathaus Schöneberg.* Retrieved from https://www.bpb.de/themen/deutsche-einheit/deutsche-teilung-deutsche-einheit/43709/rede-von-willy-brandt-am-10-november-1989-vor-dem-rathaus-schoeneberg/ (2022.03.01)

Brecht, Christine (2017). Günter Litfin. In Leibniz-Zentrum für Zeithistorische Forschung – ZZF, Bundeszentrale für politische Bildung, Deutschlandradio & Stiftung Berliner Mauer (Ed.), *Chronik der Mauer.* Retrieved from https://www.chronik-der-mauer.de/ (2021.09.14)

Bundeszentrale für politische Bildung (2018.05.24). 25 Jahre Brandanschlag in Solingen. In Bundeszentrale für politische Bildung (Ed.), *Politik: Hintergrund aktuell.* Retrieved from https://www.bpb.de/politik/hintergrund-aktuell/161980/brandanschlag-in-solingen (2020.09.24)

Bündnis gegen Naziterror und Rassismus – NSU-Prozess. https://nsuprozess.net/ (2021.08.10)

Coppi, Hans & Warmbold, Nicole (2005). *„Der zweite Sonntag im September" – Zur Geschichte des Tages der Opfer des Faschismus. Tafeln der Ausstellung.* Retrieved from https://www.rosalux.de/fileadmin/rls_uploads/pdfs/Projekte/2005/Tafeln_Odf-Tag-screen.pdf (2021.09.11)

Daimler AG. "You can leave your hat on" — Haus Huth on Potsdamer Platz. Retrieved from https://www.daimler.com/career/about-us/mauerfall/you-can-leave-your-hat-on-haus-huth-on-potsdamer-platz.html (2021.07.31)

Das antifaschistische Pressearchiv und Bildungszentrum Berlin (1996). *Profil: Hilfskomitee Südliches Afrika (HSA).* Retrieved from https://www.apabiz.de/archiv/material/Profile/HSA.htm (2021.04.16)

Das Mauermuseum-Betriebs GmbH. Das Mauermuseum hat Geschichte mitgeschrieben. Retrieved from https://www.mauermuseum.de/ueber-uns/geschichte/ (2019.12.06)

Demnig, Gunter. *Chronologie der Projekte von Gunter Demnig.* Retrieved from http://www.gunterdemnig.de/ (2020.09.03)

Demnig, Gunter. *Stolpersteine - Häufig gestellte Fragen & Antworten.* Retrieved from http://www.stolpersteine.eu/faq/ (2020.08.03)

Diên Hông – Gemeinsam unter einem Dach e.V. Über uns. In *Webseite des Diên Hông e.V.* Retrieved from https://www.dienhong.de/ueber-uns/ (2021.08.10)

Duden Onlinewörterbuch (2021). *Denkmal.* Retrieved from https://www.duden.de/rechtschreibung/Denkmal (2021.09.09)

DWDS – Verlaufskurven (2021). *Denkmal.* Retrieved from https://www.dwds.de/r/plot/?view=1&corpus=dta%2Bdwds&norm=date%2Bclass&smooth=spline&genres=0&grand=1&slice=10&prune=0&window=3&wbase=0&logavg=0&logscale=0&xrange=1600%3A1999&q1=Denkmal (2020.11.25)

Dworek, Günter (2008.05.27). Die Erinnerung wachhalten. Rede von LSVD-Bundesvorstand Günter Dworek zur Übergabe des Denkmals für die im Nationalsozialismus verfolgten Homosexuellen am 27.05.2008. In *LSVD-Webseite.* Retrieved from https://www.lsvd.de/de/ct/924-Die-Erinnerung-wachhalten (2021.08.28)

Eickelberg, Gudrun (2012). Die Geschichte des Bremer AntiKolonial Denkmals. In *Webseite vom „Der Elephant!" e.V.* Retrieved from http://www.der-elefant-bremen.de/pdf/AntiKolonialDenkmal.pdf (2021.04.09)

Falkenstein, S.(2014). *Archiv Runder Tisch "T4".* Retrieved from http://www.euthanasie-gedenken.de/archiv.htm (2021.09.01)

Flacke, Monika (1995). *1952. Max Lingner. Die Bedeutung des Friedens für die kulturelle Entwicklung der Menschheit und die Notwendigkeit des kämpferischen Einsatzes für ihn.* Deutsches Historisches Museum. Retrieved from https://www.dhm.de/archiv/ausstellungen/auftrag/52.htm (2021.08.09)

Gedenkstätte Deutscher Widerstand, Aktives Museum Faschismus und Widerstand in Berlin e.V. & Holger Hübner. *Gedenktafel in Berlin.* Retrieved from https://www.gedenktafeln-in-berlin.de/ (2020.08.21)

Gedenkstätte Grafeneck e.V. (2016). Grafeneck - Geschichte und Gegenwart. In *Webseite „Gedenkstätte Grafeneck. Dokumentationszentrum".* Retrieved from http://www.gedenkstaette-grafeneck.de/startseite/geschichte.html (2020.12.29)

Geschäftsstelle des Traditionsverbandes. *Webseite des „Traditionsverbandes ehemaliger Schutz- und Überseetruppen. Freunde der früheren deutschen Schutzgebiete e.V.".* Retrieved from https://www.traditionsverband.de/ (2021.04.12)

Günther, Andrea (2005). Die Neue Wache (Unter den Linden, Berlin-Mitte) Vor der Gedächtnisstätte für die Gefallenen des 1. Weltkriegs zum »Grabmal des Unbekannten Soldaten« der DDR (1930–1993). In Daniels, Dieter & Schwede, Inga (Ed.), *Mahnmale in Berlin.* Retrieved from https://www.hgb-leipzig.de/mahnmal/nw1.html#nw1_3 (2021.01.20)

Herkesin Meydanı - Platz für Alle. *Antirassistisches Mahnmal an der Keupstraße.* Retrieved from https://mahnmal-keupstrasse.de/ (2021.08.10)

Hertle, Hans-Hermann (2013). Der Weg in die Krise: Zur Vorgeschichte des Volksaufstandes vom 17. Juni 1953. In Bundeszentrale für politische Bildung (Ed.), *Dossier: Der Aufstand des 17. Juni 1953.* Retrieved from https://www.bpb.de/geschichte/deutsche-geschichte/der-aufstand-des-17-juni-1953/154325/der-weg-in-die-krise (2021.07.27)

Hertle, Hans-Hermann & Nooke, Maria (2017). *140 Todesopfer an der Berliner Mauer 1961 – 1989.* Retrieved from https://www.berliner-mauer-gedenkstaette.de/de/uploads/todesopfer_dokumente/140_todesopfer_an_der_berliner_mauer_1961_1989.pdf (2021.09.14)

Hertle, Hans-Hermann, Ciesla, Burghard & Wahl, Stefanie (2013). Der 17. Juni in Berlin. In Bundeszentrale für politische Bildung (Ed.), *Dossier: Der Aufstand des 17. Juni 1953.* Retrieved from https://www.bpb.de/geschichte/deutsche-geschichte/der-aufstand-des-17-juni-1953/152600/der-17-juni-in-berlin (2021.07.27)

Hertle, Hans-Herrmann & Nooke, Maria u.a. (2017). Die Todesopfer an der Berliner Mauer 1961 - 1989 Ein biographisches Handbuch. Zentrum für Zeithistorische Forschung Potsdam und der Stiftung Berliner Mauer.

Hethey, Frank (2018.05.27). Als Bremen „Stadt der Kolonien" sein wollte. In Weser Kurier Geschichte (WK Geschichte). Retrieved from https://wkgeschichte.weser-kurier.de/als-bremen-stadt-der-kolonien-sein-wollte/ (2021.11.15)

Hewel, Andreas (2005). Stelen im Herzen Berlins – Das Denkmal für die ermordeten Juden Europas. In *Deutsche Welle*. Retrieved from http://www.goethe.de/kue/flm/prj/kub/pol/de4074214.htm (2020.06.26)

Hilfskomitee Südliches Afrika e.V. *Webseite der Hilfskomitee Südliches Afrika e. V.* Retrieved from http://www.hilfskomitee-suedliches-afrika.de/index.html (2021.04.16)

Hindler, Daliah. *Webseite Steine der Erinnerung.* Verein STEINE DER ERINNERUNG an jüdische Opfer des Holocausts. Retrieved from https://steinedererinnerung.net/ (2020.09.29)

Hoheisel & Knitz (1995). *Denkmal an ein Denkmal [Buchenwald 1995].* Retrieved from http://www.knitz.net/index.php?option=com_content&task=view&id=26&Itemid=32 (2021.06.23)

Hoheisel, Horst. *Aschrottbrunnen [Kassel 1985].* Retrieved from http://www.knitz.net/index.php?option=com_content&task=view&id=30&Itemid=32&lang=de (2016.01.02)

Hospes, Ulrike. Besuch des US-Präsidenten Ronald Reagan in Deutschland. In *Geschichte der CDU.* Konrad-Adenauer-Stiftung e.V. Retrieved from https://www.kas.de/de/web/geschichte-der-cdu/kalender/kalender-detail/-/content/besuch-des-us-praesidenten-ronald-reagan-in-deutschland (2020.05.30)

Iveković, Sanja (2012). *The Disobedient.* documenta und Museum Fridericianum Veranstaltungs-GmbH. Retrieved from https://d13.documenta.de/de/#/research/research/view/the-disobedient-2012 (2020.12.02)

Jenischer Bund in Deutschland und Europa e.V. (2007.12.04). Mahnmal für die von den Nationalsozialisten als „Zigeuner" ermordeten Menschen. In: *Open PR. Das offene PR-Portal.* Retrieved from https://www.openpr.de/news/175214/Mahnmal-fuer-die-von-den-Nationalsozialisten-als-Zigeuner-ermordeten-Menschen.html (2022.03.28)

Jewish Virtual Library. Holocaust Photographs: *Jews Forced to Clean Vienna Streets* (March 1938). Retrieved from https://www.jewishvirtuallibrary.org/jews-forced-to-clean-vienna-streets (2020.09.30)

Jokinen, H. M. (2005). *Projekt "afrika-hamburg.de".* Retrieved from afrika-hamburg.de (2021.04.02)

Jugendhilfe-Werkstatt Solingen e.V. (2018.06). *Ringe für das Solinger Mahnmal. Eine Handreichung für Interessierte, potentielle Ringstifter und Lehrer.* Retrieved from https://jugendhilfe-werkstatt.de/wp-content/uploads/2020/09/Handreichung-Solinger-Mahnmal-06.2018-fu%CC%88r-Download.pdf (2021.09.25)

Jugendhilfe-Werkstatt Solingen e.V. Das Solinger Mahnmal, In *Webseite des Jugendhilfe-Werkstatt Solingen e.V.* Retrieved from https://jugendhilfe-werkstatt.de/das-solinger-mahnmal/ (2021.08.10)

Kissling, Ruth (2020). *Die Anfänge der Neuen Gruppe. Künstlerverband NEUE GRUPPE e.V.* Retrieved from http://www.neuegruppe-hausderkunst.de/text_kiessling.pdf (2020.04.08)

Knitz, Andreas & Benz, Tom (2007). *Das mobile Denkmal: DAS DENKMAL DER GRAUEN BUSSE.* Retrieved from http://www.dasdenkmaldergrauenbusse.de/ (2021.09.21)

Kompetenzzentrum – Trier Center for Digital Humanities. Denkmal. In *Deutsches Wörterbuch von Jacob Grimm und Wilhelm Grimm, Bd. 2, Sp. 941.* Retrieved from https://woerterbuchnetz.de/?sigle=DWB&mode=Vernetzung&lemid=GD01569#0 (2020.11.25)

Körber Stiftung. *Der Geschichtswettbewerb.* Retrieved from https://www.koerber-stiftung.de/geschichtswettbewerb/portraet (2020.04.24)

Kulturprojekte Berlin. Das Themenjahr "20 Jahre Mauerfall" begeisterte 2009 ein Millionenpublikum und rückte Berlin weltweit ins Zentrum der Aufmerksamkeit. In *Webseite der Kulturprojekte Berlin.* Retrieved from https://www.kulturprojekte.berlin/projekte/20-jahre-mauerfall/ (2021.08.20)

Ladwig-Winters, Simone & Jerabek, Helmut (2014). *WIR WAREN NACHBARN. Biografien jüdischer Zeitzeugen.* Retrieved from http://www.wirwarennachbarn.de/ (2020.10.04)

Landeswohlfahrtsverband Hessen (LWV). Anstaltsfriedhof. In *Webseite der Gedenkstätte Hadamar.* Retrieved from https://www.gedenkstaette-hadamar.de/webcom/show_article.php/_c-620/_lkm-1362/i.html (2020.12.29)

Leibniz-Zentrum für Zeithistorische Forschung – ZZF, Bundeszentrale für politische Bildung, Deutschlandradio & Stiftung Berliner Mauer (2017). *Chronik der Mauer.* Retrieved from https://www.chronik-der-mauer.de/ (2021.09.14)

Lesben- und Schwulenverband (LSVD) e.V. (2006.09.10). LSVD-Positionen zur Denkmalsdiskussion. In *Internet Archive.* Retrieved from https://web.archive.org/web/20110907221342/http://www.lsvd.de/690.0.html. (2021.08.28)

Lesben- und Schwulenverband (LSVD) e.V. (2008.07). Denkmal der Öffentlichkeit übergeben / Chronik. In *LSVD-Webseite.* Retrieved from https://www.lsvd.de/de/ct/923-Denkmal-der-Oeffentlichkeit-uebergeben (2018.12.02)

Lilienthal, Georg. Relief am Eingang der Gedenkstätte. In *Webseite der Gedenkstätte Hadamar.* Retrieved from https://www.gedenkstaette-hadamar.de/webcom/show_article.php/_c-619/_lkm-1361/i.html (2020.12.29)

Loose, Ingo. Aktion T4 Die »Euthanasie«-Verbrechen im Nationalsozialismus 1933 bis 1945. In *Webseite „Gedenkort-T4".* Retrieved from https://www.gedenkort-t4.eu/de/wissen/aktion-t4 (2020.12.29)

M+M / ANNABAU (2013). *Erläuterungstext. Weiterentwicklung des Denkmalentwurfs „Siebzigtausend".* Retrieved from https://static.leipzig.de/fileadmin/mediendatenbank/leipzig-de/Stadt/02.4_Dez4_Kultur/41_Kulturamt/LFED/ueberarbeitete_Entwuerfe/LFED_P1_Text.pdf (2018.05.14)

Martin Niemöller Stiftung. *Was sagte Niemöller wirklich?* Retrieved from http://martin-niemoeller-stiftung.de/martin-niemoeller/was-sagte-niemoeller-wirklich#more-212 (2021.08.30)

Max-Lingner-Stiftung. Max Lingner - Werke entdecken. In *Webseite der Max-Lingner-Stiftung.* Retrieved from https://www.max-lingner-stiftung.de/max-lingner/werke-entdecken (2021.08.09)

Meyer, Christoph (2014). Deutschland zusammenhalten. Wilhelm Wolfgang Schütz und sein "Unteilbares Deutschland", In Bundeszentrale für politische Bildung (Ed.), *Deutschland Archiv,* Retrieved from www.bpb.de/188966 (2021.09.14)

Miltenberger, Sonja (2011.12.12). *Bericht „Mobiles Museum" - Protokoll des Vortrags von Bernhard Müller an der Veranstaltungsreihe „30 Jahre BGW": Diskussionsveranstaltung am 12. Dezember 2011.* Retrieved fromhttp://www.berliner-geschichtswerkstatt.de/30jahre.html#erinnern-vor-ortt (2020.04.29)

Monoskop (2014). *Das neue Frankfurt.* Retrieved from https://monoskop.org/Das_neue_Frankfurt (2020.02.28)

Müller, Birgit (2008). Erinnerungskultur in der DDR. In Bundeszentrale für politische Bildung (Ed.), *Dossier: Geschichte und Erinnerung.* Retrieved from https://www.bpb.de/geschichte/zeitgeschichte/geschichte-und-erinnerung/39817/erinnerungskultur-ddr?p=all (2021.05.30)

Museen Köln. *Eine kleine Geschichte der „Spur".* Retrieved from http://www.museenkoeln.de/ausstellungen/nsd_0710_spur/fs.html (2020.09.29)

Niven, Bill (2019). *Draft; Changing Times: The Relevance of the Stumbling Stones Today, Holocaust Studies Talk given at the Stumbling Stones conference in Berlin.* Retrieved from https://www.academia.edu/40482930/Draft_Changing_Times_The_Relevance_of_the_Stumbling_Stones_Today (2020.09.26)

Plieninger, Peter (2012). *Vortrag von Peter Plieninger: Abguss des Modells der „Tragenden".* Retrieved from http://www.ifk-ravensbrueck.de/archiv/abguss-des-modells-der-tragenden/ (2021.06.15)

Pressemitteilung der Stiftung Denkmal für die ermordeten Juden Europas (2020.01.07). *Höchste Besucherzahl seit Eröffnung des Holocaust-Denkmals – 480.000 Gäste in der Ausstellung unter dem Stelenfeld.* Stiftung Denkmal für die ermordeten Juden Europas. Retrieved from https://www.stiftung-denkmal.de/aktuelles/hoechste-besucherzahl-seit-eroeffnung-des-holocaust-denkmals-480-000-gaeste-in-der-ausstellung-unter-dem-stelenfeld/ (2021.08.21)

Radau, Birte & Zündorf, Irmgard (2016). Biografie Richard Scheibe. In *LeMO-Biografien, Lebendiges Museum Online.* Stiftung Haus der Geschichte der Bundesrepublik Deutschland. Retrieved from http://www.hdg.de/lemo/biografie/richard-scheibe.html (2020.02.28)

realities:united - studio for art and architecture (2013). *Erläuterungstext. Weiterentwicklung des Denkmalentwurfs "Eine Stiftung an die Zukunft".* Retrieved from https://static.leipzig.de/fileadmin/mediendatenbank/leipzig-de/Stadt/02.4_Dez4_Kultur/41_Kulturamt/LFED/ueberarbeitete_Entwuerfe/LFED_P2_Text.pdf (2018.05.14)

Schröder, Jürgen (2019.02.21). *AStA der Universität Hamburg: Das permanente Kolonialinstitut - 50 Jahre Hamburger Universität, Herbst 1969. Materialien zur Analyse von Opposition.* Retrieved from https://www.mao-projekt.de/BRD/NOR/HBG/VDS/Hamburg_VDS_1969_Kolonialinstitut.shtml (2021.04.04)

Scriba, Arnulf (2015). Der Völkermord an Sinti und Roma. In *LeMO-Biografien, Lebendiges Museum Online.* Stiftung Haus der Geschichte der Bundesrepublik Deutschland. Retrieved from https://www.dhm.de/lemo/kapitel/der-zweite-weltkrieg/voelkermord/voelkermord-an-sinti-und-roma.html (2021.04.25)

SDS/APO 68 Hamburg. *Jahre der Revolte – Informationen und Diskussion zu 1968 und heute.* Retrieved from https://sds-apo68hh.de/dokumente-zu-68/ (2021.03.31)

Seidel, Florian (2018). *Ernst May und die Skulptur. Von Richard Scheibe bis Seff Weidl.* Retrieved from https://ernst-may-gesellschaft.de/einzelnachricht-home/sonderausstellung-14-oktober-2017-bis-1-april-2018.html (2020.02.28)

Shapira, Shahak (2017). *Yolocaust.* Retrieved from https://yolocaust.de/ (2021.08.21)

Soziale Bildung e.V. Erinnerungsorte 1992-2012. In *Webseite „Lichtenhagen im Gedächtnis". Dokumentationszentrum / Soziale Bildung e.V.* Retrieved from https://lichtenhagen-1992.de/erinnerungsorte-1992-2012/ (2021.08.10)

Stiftung Brandenburgische Gedenkstätten. Dauerausstellung "Von der Erinnerung zum Monument": 1961-1990 Nationale Mahn - und Gedenkstätte Sachsenhausen, *Webseite der Stiftung Brandenburgische Gedenkstätten - Gedenkstätte und Museum Sachsenhausen.* Retrieved from https://www.sachsenhausen-sbg.de/geschichte/1961-1990-nationale-mahn-und-gedenkstaette-sachsenhausen/ (2021.06.17)

Stiftung Denkmal für die ermordeten Juden Europas. »Rassenhygiene« im Nationalsozialismus. In Webseite „*t4-denkmal*". Retrieved from https://www.t4-denkmal.de/Rassenhygiene-im-Nationalsozialismus (2020.12.29)

Stiftung Denkmal für die ermordeten Juden Europas. Die T4-Morde. In *Webseite „T4-Denkmal"*. Retrieved from https://www.t4-denkmal.de/Die-T4-Morde (2020.12.29)

Stiftung Denkmal für die ermordeten Juden Europas. *Stelenfeld und Ort der Information*. Retrieved from https://www.stiftung-denkmal.de/denkmaeler/denkmal-fuer-die-ermordeten-juden-europas-mit-ausstellung-im-ort-der-information/ (2019.03.27)

Stiftung Gedenkstätten Buchenwald und Mittelbau-Dora. *Bild des Monats September 2008*. Retrieved from https://www.buchenwald.de/fr/836/ (2021.06.14)

Stiftung Gedenkstätten Buchenwald und Mittelbau-Dora. Historischer Überblick. Sowjetisches Speziallager Nr. 2 Buchenwald 1945–1950. In *Webseite der Stiftung Gedenkstätten Buchenwald und Mittelbau-Dora*. Retrieved from https://www.buchenwald.de/73/ (2021.08.09)

Stiftung Gedenkstätten Buchenwald und Mittelbau-Dora. *Mahnmalsanlage*. Retrieved from https://www.buchenwald.de/119/ (2021.06.14)

Stiftung Gedenkstätten Buchenwald und Mittelbau-Dora. *Nationale Mahn- und Gedenkstätte der DDR - 1940er Jahre*. Retrieved from https://www.buchenwald.de/pl/527/ (2021.06.22)

Stiftung Mitarbeit, in Kooperation mit der »Stabsstelle Moderner Staat – Moderne Verwaltung« des Bundesinnenministeriums (2001). Einwohnerantrag. In *Wegweiser Bürgergesellschaft*. Retrieved from https://www.buergergesellschaft.de/mitentscheiden/buergerbeteiligung-in-stadt-land/buergerbeteiligung-in-der-kommune/einwohnerantrag/ (2021.04.16)

Stih, Renata & Schnock, Frieder (2005). *Bushaltestelle / Bus Stop*. Retrieved from http://www.stih-schnock.de/bus-stop.html (2020.06.28)

Stöss, Richard (2015.01.13). Zur Entwicklung des Rechtsextremismus in Deutschland. In Bundeszentrale für politische Bildung (Ed.), *Dossier: Rechtsextremismus*. Retrieved from https://www.bpb.de/politik/extremismus/rechtsextremismus/198940/zur-entwicklung-des-rechtsextremismus-in-deutschland (2020.09.24)

Tiefensee, Johannes (2007). 17. Juni 1953: Spuren im Stein. In *FREIHEIT UND RECHT 2007 / 2*. Retrieved from https://www.bwv-bayern.org/component/content/article/3-suchergebnis/56-17-juni-1953-spuren-im-stein.html (2021.08.08)

Todzi, Kim (2019). *Denkmalsturz: Melanie Boieck im Interview*. Projektverbund "Forschungsstelle 'Hamburgs (post-)koloniales Erbe/Hamburg und die frühe Globalisierung'". Retrieved from https://kolonialismus.blogs.uni-hamburg.de/2019/04/12/denkmalsturz-melanie-boieck-im-interview/ (2021.05.18)

Von Graevenitz, Karoline (2008.05.27). Homosexuellen-Denkmal eingeweiht. In *Tagesspiegel*. Retrieved from https://www.tagesspiegel.de/berlin/berlin-homosexuellen-denkmal-eingeweiht/1243576.html (2019.11.11)

Von Weizsäcker, Richard (1985). *Gedenkveranstaltung im Plenarsaal des Deutschen Bundestages zum 40. Jahrestag des Endes des Zweiten Weltkrieges in Europa, Bonn, 8. Mai 1985*. Retrieved from https://www.bundespraesident.de/SharedDocs/Downloads/DE/Reden/2015/02/150202-RvW-Rede-8-Mai-1985.pdf?__blob=publicationFile (2021.04.27)

Warda, Anna (2017.03.21). Ein Kunstdenkmal wirft Fragen auf. In *ZEITGESCHICHTE ONLINE.* Retrieved fromhttps://zeitgeschichte-online.de/geschichtskultur/ein-kunstdenkmal-wirft-fragen-auf?fbclid=IwAR1CDlRQedj9S-mt1LlspOFbvODG9A4CKH8unsUUcTETxEwPwE961rn8JUoo (2020.08.02)

Zeller, Joachim (2004). Bericht zur Berliner Gedenkveranstaltung zur Waterbergschlacht 1904. In *Webseite freiburg-postkolonial.de.* Retrieved from https://www.freiburg-postkolonial.de/Seiten/Rez-Waterberg-Berlin.htm (2021.04.11)

Zeller, Joachim (2007). Das Reiterdenkmal in Windhoek (Namibia) - Die Geschichte eines deutschen Kolonialdenkmals. In *Webseite freiburg-postkolonial.de.* Retrieved from https://www.freiburg-postkolonial.de/Seiten/Zeller-Reiterdenkmal-1912.htm (2021.03.31)

政府檔案資料

Abgeordnetenhaus Berlin (2005.04.25). *15. Wahlperiode. Wortprotokoll. Ausschuss für Kulturelle Angelegenheiten. Wortprotokoll Kult 15 / 58*. Retrieved from https://www.parlament-berlin.de/ados/Kult/protokoll/k15-058-wp.pdf (2021.12.11)

Bezirksamt Charlottenburg-Wilmersdorf. *Mahnmal Ewige Flamme*. Retrieved from https://www.berlin.de/ba-charlottenburg-wilmersdorf/ueber-den-bezirk/kultur-und-wissenschaft/skulpturen-und-denkmale/artikel.155656.php (2021.02.26)

Bundesinstitut für Bau-, Stadt- und Raumforschung (BBSR) im Bundesamt für Bauwesen und Raumordnung (BBR) (2019). *Kurzdokumentation von 150 Kunst-am-Bau-Werken im Auftrag des Bundes seit 1950, BBSR-Online-Publikation Nr. 02/2019.* BBSR.

Bundesministerin der Justiz und für Verbraucherschutz. *Gesetz zur Errichtung einer „Stiftung Denkmal für die ermordeten Juden Europas"*. Retrieved from http://www.gesetze-im-internet.de/juddenkmstiftg/ (2020.07.13)

Bundesministerium der Justiz (1953.09.21). *Bundesgesetzblatt, Teil I: Bundesergänzungsgesetz zur Entschädigung für Opfer der nationalsozialistischen Verfolgung (BEG, vom 18. September 1953), Nr. 62.*

Bundesministerium des Innern, für Bau und Heimat. *Die Neue Wache in Berlin. Symbol und Ort von Zeremoniellen.* Retrieved from https://www.protokoll-inland.de/Webs/PI/DE/staatliche-symbole/neue-wache/neue-wache-node.html> (2021.01.25)

Bundesministerium für Verkehr, Bau und Stadtentwicklung (2011). *Kommentierte Synopse zur Kunst am Bau bei Bund und Ländern*. BMVBS-Online-Publikation, Nr. 05/2011.

Bundesstiftung zur Aufarbeitung der SED-Diktatur (2020). *Orte des Erinnerns an die Sowjetischen Speziallager und Gefängnisse in der SBZ/DDR, Bundesstiftung zur Aufarbeitung der SED-Diktatur.* Bundesstiftung zur Aufarbeitung der SED-Diktatur.

Burgi, Martin (2016). *Rechtsgutachten zur Frage der Rehabilitierung der nach § 175 StGB verurteilten homosexuellen Männer: Auftrag, Optionen und verfassungsrechtlicher Rahmen.* Antidiskriminierungsstelle des Bundes.

Das offizielle Kulturportal der Stadt Frankfurt am Main. *Städelschule.* Retrieved from https://kultur-frankfurt.de/portal/en/Design/Staedelschule/600/1765/30309/mod1087-details1/1428.aspx (2020.02.28)

Denkmal zur Mahnung und Erinnerung an die Opfer der kommunistischen Diktatur in Deutschland. In *Webseite der Bundesstiftung zur Aufarbeitung der SED-Diktatur.* Retrieved from https://www.bundesstiftung-aufarbeitung.de/de/erinnern/Denkmal-zur-Mahnung-und-Erinnerung-an-die-Opfer-der-kommunistischen-Diktatur-in-Deutschland (2021.09.01)

Der Senat für Bau- und Wohnungswesen (1983). *Offener Wettbewerb. Berlin, Südliche Friedrichstadt. Gestaltung des Geländes des ehemaligen Prinz-Albrecht-Palais.*

Deutscher Bundestag (1983.05.04). *10. Wahlperiode: Stenographischer Bericht. 4. Sitzung, Plenarprotokoll 10/4, Bonn.* Retrieved from http://dipbt.bundestag.de/doc/btp/10/10004.pdf (2020.05.29)

Deutscher Bundestag (1994.05.31). *Bericht der Enquete-Kommission „Aufarbeitung von Geschichte und Folgen der SED-Diktatur in Deutschland", gemäß Beschluß des Deutschen Bundestages vom 12. März 1992 und vom 20. Mai 1992 (12. Wahlperiode des Deutschen Bundestages), Drucksachen 12/2330, 12/2597.* Retrieved from https://dipbt.bundestag.de/dip21/btd/12/078/1207820.pdf (2021.06.20)

Deutscher Bundestag (1999a.06.25). *14. Wahlperiode: Stenographischer Bericht. Plenarprotokoll 14/48, 48. Sitzung.* Retrieved from http://dipbt.bundestag.de/doc/btp/14/14048.pdf (2019.09.18)

Deutscher Bundestag (1999b.07.27). *14. Wahlperiode: Drucksache 14/1569. Unterrichtung durch die Bundesregierung. Konzeption der künftigen Gedenkstättenförderung des Bundes und Bericht der Bundesregierung über die Beteiligung des Bundes an Gedenkstätten in der Bundesrepublik Deutschland.* Retrieved from https://dip21.bundestag.de/dip21/btd/14/015/1401569.pdf (2021.11.11)

Deutscher Bundestag 17. Wahlperiode (2011.04.13). *Drucksache 17/5493.*

Die Bundesregierung. *Denkmal für die im Nationalsozialismus ermordeten Sinti und Roma Europas. Die Chronologie des Völkermordes im Wortlaut.* Retrieved from https://www.bundesregierung.de/breg-de/bundesregierung/staatsministerin-fuer-kultur-und-medien/denkmal-fuer-die-im-nationalsozialismus-ermordeten-sinti-und-roma-europas-413972 (2020.07.13)

Düsseldorfer-Stadtchronik. *1938.* Retrieved from https://www.duesseldorf.de/stadtarchiv/stadtgeschichte/chronik/duesseldorfer-stadtchronik-1938.html (2021.01.22)

Endlich, Stefanie (2014). Geschichte des Kriegerdenkmals am Dammtor und des Gegendenkmals von Alfred Hrdlicka. In *Dokumentation des Gestaltungswettbewerbs zum Gedenkort für Deserteure und andere Opfer der NS-Militärjustiz.* Freie und Hansestadt Hamburg, Kulturbehörde. Retrieved from https://www.hamburg.de/conte ntblob/4367872/4c9cb92e2dc9c7da1c3b4341f25ce6dc/data/deserteurdenkmal.pdf (2020.11.24)

Endlich, Stefanie, Geyler, Monica & Senatsverwaltung für Stadtentwicklung (2002). *KunStstadtRaum. 21 Kunstprojekte im Berliner Stadtraum.* Senatsverwaltung für Stadtentwicklung Berlin.

Flierl, Thomas (2006). *Gesamtkonzept zur Erinnerung an die Berliner Mauer: Dokumentation, Information und Gedenken. Senatsverwaltung für Wissenschaft, Forschung und Kultur Berlin.* Retrieved from https://www.stiftung-berliner-mauer.de/de/uploads/stiftung_dokumente/gesamtkonzept.pdf(2019.11.05)

Gussek, Anja (2020). Traindenkmal (Königlich Preußische Westfälische Train-Abteilung Nr. 7). In *Stadtarchiv Münster.* Retrieved from https://www.stadt-muenster.de/kriegerdenkmale/zum-ersten-weltkrieg/traindenkmal (2021.09.25)

Hessische Landesamt für geschichtliche Landeskunde. Wahl des Kurhessischen Kommunallandtages Kassel, 17. November 1929. In *Landesgeschichtliches Informationssystem Hessen (LAGIS).* Retrieved from https://www.lagis-hessen.de/de/subjects/browse/current/52/section/3/year/1929/sn/edb (2020.11.30)

Kulturreferat der Landeshauptstadt München (2017.10.26). *Formen dezentralen und individuellen Gedenkens an die Todesopfer des NS-Regimes in München. Gestaltungswettbewerb „Erinnerungstafeln an Hauswänden auf Blickhöhe und Stelen mit Erinnerungstafeln auf öffentlichem Grund vor dem Gebäude".* Beschluss des Kulturausschusses vom 26.10.2017. Retrieved from https://www.muenchen-transparent.de/dokumente/4649270 (2021.09.20)

Landeshauptstadt München. *Erinnerungszeichen für Opfer des NS-Regimes in München. Koordinierungsstelle | Erinnerungszeichen.* Retrieved from https://www.muenchen.de/rathaus/Stadtverwaltung/Direktorium/Stadtarchiv/Erinnerungszeichen.html (2020.10.05)

Presse- und Informationsamt des Landes Berlin (2004.12.13). *Karla Sachse gewinnt Wettbewerb, Pressemitteilung vom 13.12.2004.* Der Regierende Bürgermeister Senatskanzlei Berlin. Retrieved from https://www.berlin.de/rbmskzl/aktuelles/pressemitteilungen/2004/pressemitteilung.46570.php (2021.05.15)

Senat der Freien und Hansestadt Hamburg (1982.02.16). *Der Ideenwettbewerb zur Umgestaltung der Anlage des Kriegerdenkmals am Dammtor ausgeschrieben.* Staatliche Pressestelle Hamburg.

Senatsverwaltung für Wissenschaft, Forschung und Kultur Berlin (1997). *Colloquium. Denkmal für die ermordeten Juden Europas: Dokumentation.* Senatsverwaltung für Wissenschaft, Forschung und Kultur Berlin.

Statistisches Bundesamt (2012). *Die soziale Situation in Deutschland. Ausländische Bevölkerung. Nach Altersgruppen, in absoluten Zahlen und Anteile in Prozent, 1970 bis 2011.* Bundeszentrale für politische Bildung. Retrieved from https://www.bpb.de/system/files/dokument_pdf/04%20Migration.pdf (2021.09.25)

Statistisches Bundesamt. *Migration und Integration.* Retrieved from https://www.destatis.de/DE/Themen/Gesellschaft-Umwelt/Bevoelkerung/Migration-Integration/_inhalt.html (2021.08.09)

Thierse, Wolfgang (2005). *Rede von Bundestagspräsident Wolfgang Thierse zur Eröffnung des "Denkmals für die ermordeten Juden Europas" am 10. Mai 2005 in Berlin.* Retrieved from https://www.bundestag.de/parlament/praesidium/reden/2005/007-244962 (2020.07.14)

索引

人名

紀念碑、館、物及相關展覽、作品名

地點與地名

專有名詞對照表

Haus der Ministerien　內閣之家（東德）

Heldengedenktag　英雄紀念日

Herero und Nama　赫雷羅與納馬人

Hermann　赫爾曼

Himmler Befehl　希姆萊命令

Hinterlandmauer　內牆

History Workshop Movement　歷史工作坊運動

Informelle Kunst　不定形藝術

Jenische　葉尼緒人

Judenstern　猶太之星

Junker　容克貴族

Kapp-Putsch　卡普政變

Kniefall von Warschau　華沙之跪

Kolonialausstellungen　殖民展

Koloniale Schulung　殖民培訓

Kolonialrevisionismus (Neokolonialbewegung)　殖民修正主義運動（新殖民運動）

Kongoakte　剛果議定書

Kongokonferenz　剛果會議（西非會議）

Kriegerdenkmal　戰士紀念碑

Kriegerdenkmal im Hofgarten　王宮花園戰士紀念碑

Kriegsdenkmal　戰爭紀念碑

Kristallnacht (Reichskristallnacht)　水晶之夜

kulturelles Gedächtnis　文化記憶

Kulturföderalismus　文化邦聯主義

Kulturhoheit der Länder　（各邦的）文化主權

Kunst am Bau　附屬於建築的藝術

Kunst im öffentlichen Raum　公共空間中的藝術

Künstlerkongress　藝術家大會（1971）

KZ-Außenlager　附屬營

Lalleri　拉萊里人

Lieux de mémoire　記憶之所

Lowara　洛瓦拉人

Maji-Maji-Aufstand　馬及馬及起義

Manusch　馬努什人

military–industrial complex　軍工複合體

Montagsdemonstrationen　週一示威

Nationaler Gedenktag des deutschen Volkes　德國人民紀念日

Neue Geschichtsbewegung　新歷史運動

Neue Soziale Bewegung　新社會運動

Normalisierung　正常化

Novemberpogrom　十一月反猶暴亂

Oder-Neiße-Grenze　奧得－尼斯河線

Patriotisches Denkmal　愛國紀念碑

Pietà　聖殤

Rassenschande　種族褻瀆

Reichskolonialkundgebung　帝國殖民集會

Representational spaces　再現空間

Representations of space　空間再現

Roma　羅姆人

Saarkundgebung　薩爾集會

Schandmauer　恥辱之牆

Schlacht von Sedan　色當會戰

Schwerbelastungskörper　承重體

signified　所指

Sinti　辛堤人

Skulptur Projekte Münster　敏斯特雕塑計畫

Skulpturenboulevard　柏林雕塑大道

Socialist realism　社會主義的寫實主義

Spacial practice　空間實踐

Speziallager　特別營

Spontis　自主份子

Städte gegen Apartheid　城市反種族隔離（歐洲跨國行動串連）

Stentor　斯滕托爾

Tag der deutschen Einheit	國家統一日
Tag der Opfer des Faschismus	法西斯主義受難者紀念日
Tag des Gedenkens an die Opfer des Nationalsozialismus	國家社會主義（納粹）受難者紀念日
Tetrapylon	四柱式門拱
Todesstreifen	圍牆死亡帶
Trabant	衛星
Trabi	特拉比
Tropenuniform	殖民地熱帶式樣裝束
Tunix-Kongress	「Tunix」大會
Verfremdungseffekt	疏離效果
Vergangenheitsbewältigung	超克過去（克服過去）
Verordnung über die Stiftung eines bleibenden Denkmals für die, so im Kampfe für Unabhängigkeit und Vaterland blieben	為獨立及祖國陣亡者永久紀念碑創設命令
Völkermord an den Herero und Nama	赫雷羅人和與納馬人大屠殺
Volkstrauertag	民族哀悼日
Vorderlandmauer	邊界牆
Wandel durch Annäherung	透過接觸來改變關係
Welthauptstadt Germania	世界之都日耳曼尼亞
Widerstandskämpfer	反法西斯抵抗運動鬥士
Wirtschaftswunder	經濟奇蹟
Zentrale Gedenkstätte	中樞紀念館
Zigeuner	茨岡人（貶稱）
Zyklon B	齊克隆 B

致謝

本書的順利完成，感謝各方人士的協助與支持：

特別感謝

史蒂芬妮‧燕德里西 Stefanie Endlich｜自由作家、評論者。1978 年起於柏林藝術高等學院（今柏林藝術大學）任教，2003 年起為榮譽教授，授課領域及專長為公共空間中的藝術、附屬於建築的藝術和紀念碑／物等主題並具有多年與紀念、檔案館及紀念計畫的合作經驗。

審稿人

戴達衛 David Demes｜德國人，現為自由記者（《轉角國際》及德國《Jungle World》週刊特約撰稿人）、德國國家鑑定暨法蘭克福邦高等法院授權翻譯師、台灣高等法院特約通譯備選人、淡江大學德文系兼任講師，以及國立清華大學社會學研究所博士候選人，平時關心德國、台灣等國家人權與社會正義議題。

顧問

林佳和｜政治大學法律學系專任副教授。台灣大學法律學系法學博士、德國布萊梅大學法學博士候選人，專長憲法學與國家學、勞動法學、法律社會學、國家理論。

受訪者

赫嘉‧李瑟 Helga Lieser｜設計師
卡斯帕‧紐倫堡 Kaspar Nürnberg｜行動博物館協會執行研究員
宋雅‧米爾騰貝格 Sonja Miltenberger｜柏林歷史工作坊成員
斯蒂范‧安特扎克 Stefan Antczack｜柏林歷史工作坊成員
史蒂芬妮‧燕德里西 Stefanie Endlich｜自由作家、評論者、柏林藝術大學榮譽教授
烏里希‧鮑曼 Ulrich Baumann｜歐洲被害猶太人紀念碑基金會副執行長暨學術研究員

特別鳴謝以上的受訪者，以及各單位及個人在本書寫作至出版過程的協助、討論和啟發：

王萱、何政廣、施昀佑、害喜影音綜藝、莊偉慈、蔣嘉惠、藝術家雜誌社、鐘雯齡、Artist Collective SCHAUM（Alexandra Lotz & Tim Kellner）、Dr. Jörn Barfod（Ostpreußisches Landesmuseum）、Bezirksamt Charlottenburg-Wilmersdorf、Bezirksamt Steglitz-Zehlendorf von Berlin, Amt für Weiterbildung und Kultur、 Bezirksamt Tempelhof-Schöneberg、Bildarchiv der Deutschen Kolonialgesellschaft（Universitätsbibliothek Frankfurt am Main）、Felizitas Borzym（Stiftung Denkmal für die ermordeten Juden Europas）、Dr. Ute Chibidziura（Bundesamt für Bauwesen und Raumordnung）、Jochen Gerz、Susanne Droste-Gräff（Stiftung Liebenau）、Gedenkstätte Hadamar、Horst Hoheisel、Andreas Knitz、Lutz Knospe、Jan Kreutz（Dokumentations- und Kulturzentrum Deutscher Sinti und Roma）、Königliche Porzellan-Manufaktur Berlin GmbH、Dr. Simone Ladwig-Winters（Projektleitung Dauerausstellung "Wir waren Nachbaren" im Rathaus Schöneberg）、Rahel Melis（Max-Lingner-Stiftung）、Dr. Dominik Motz（Landeswohlfahrtsverband Hessen）、Namibia Scientific Society、Karin Richert（Stiftung-Spuren-Gunter Demnig）、Sächsische Landesbibliothek - Staats- und Universitätsbibliothek Dresden、Frieder Schnock、Matthias Seeberg（Stiftung Historische Museen Hamburg）、Dr. Horst Seferens（Stiftung Brandenburgische Gedenkstätten）、Stadt Leipzig, Dezernat Kultur, Kulturamt、Renata Stih、Laurence Vanpoulle（Gerz studio）、Werner Zellien、Zentrum für politische Schönheit，及所有在撰稿過程中曾閱讀稿件給予意見的朋友

本書係國家文化藝術基金會、文心藝術基金會、蘇美智女士贊助「現象書寫－視覺藝評」專案。